Mentale Gespräche
MIT HUNDEN

Mentale Gespräche
MIT HUNDEN

Telepathie – die andere Art der Kommunikation

von Angela Münchberg und Ramona Gliese

CADMOS

Gestaltung und Satz: Ravenstein + Partner, Verden
Titelfoto: Angela Münchberg
Fotos: Tierfotoagentur (Doreen Baum, Jochen Becker, Beate Döring, Ivonne Felgenhauer, Katrin Fischer, Jeanette Hutfluss, Barbara Mielewczyk, Annette Mirsberger, Alexandra Pfau, Ina Pietrulla, Ramona Richter, Winfried Schäfer, Sabine Schwerdtfeger, Sigrid Starick, Jannis Tzimopulos, Dirk Vorbusch, Peter Weimann), Angela Münchberg
Lektorat: Anneke Bosse
Druck: LVDM, Linz

Printed in Austria

ISBN 978-3-86127-803-0

Inhalt

Unser Weg zur telepathischen Tierkommunikation

Unsere Tiernatur-Tierkommunikations-Seminare beginnen wir immer damit, uns und unseren eigenen Weg zur Tierkommunikation den Teilnehmern vorzustellen. Nun denken Sie vielleicht: „Was interessiert mich der Weg anderer? Ich will nur wissen, wie ich es erlernen kann.“ Genau aus diesem Grund halten wir es für wichtig, damit zu beginnen; denn durch diese Beschreibung wird eines gleich deutlich: Es gibt nicht nur einen Weg, Tierkommunikation zu erlernen, sondern verschiedene Wege. Und jeder einzelne ist so individuell, wie Sie es sind.

(Foto: Münchberg)

Ramona Gliese: „Die Stimmen fliegen mir zu."

Ich wuchs in ländlicher Idylle mit vielen Tiergefährten auf. Obwohl ich bereits in meiner Kindheit die Fähigkeit nutzte, mit Tieren telepathisch zu kommunizieren, verlor ich dies später für viele Jahre aus den Augen. Bis ich mein erstes Seminar über Tierkommunikation besuchte, war mir noch nicht einmal bewusst, dass ich als Kind bereits mit Tieren telepathische Gespräche geführt hatte. Die Erinnerung daran kehrte nur sehr langsam und stückweise zurück.

Irgendwann machte mich meine langjährige Freundin und Kollegin Angela Münchberg darauf aufmerksam, dass es so etwas wie Tierkommunikation überhaupt gibt. Sie empfahl mir einige Bücher zum Thema – doch trotz der Lektüre konnte ich mir nicht vorstellen, dass auch ich die Fähigkeit zur telepathischen Kommunikation mit Tieren haben sollte. Zunächst wollte ich für mich selbst herausfinden, ob es so etwas wie telepathische Kommunikation mit Tieren wirklich geben kann.

Ich konnte mir gut vorstellen, dass dies für meine Hundekrankengymnastik-Praxis eine fabelhafte Unterstützung und Ergänzung bieten würde, doch wusste ich nicht genau, an wen ich mich mit meinem Interesse wenden sollte.

Ich hörte mich in meinem Bekanntenkreis um, und tatsächlich empfahl mir eine Bekannte eine Tierkommunikatorin, zu der ich auch gleich Kontakt aufnahm. Ich schickte ihr ein Foto meiner Hündin zu, und das Gesprächsergebnis war eine sehr schöne und beeindruckende Erfahrung. Mir wurden Dinge mitgeteilt, die diese Person wirklich nicht wissen konnte. Ich war völlig begeistert und bat um eine weitere Kommunikation – diesmal mit meinem Rüden, den ich ein Jahr zuvor durch einen Autounfall verloren hatte. Ich erhoffte mir die Auflösung des Traumas, das dieser plötzliche Verlust bei mir ausgelöst hatte. Die Tierkommunikatorin verwies mich aufgrund mangelnder Erfahrung an eine Kollegin, die dann das telepathische Gespräch führte – ein sehr bewegendes Erlebnis für mich. Doch nur weil offensichtlich einige Menschen die Fähigkeit besaßen, mit Tieren auf mentaler Ebene Dialoge zu führen, bedeutete das für mich immer noch nicht, dass ich das auch kann.

Wie immer, wenn man beginnt, sich mit einem Thema auseinanderzusetzen, geschehen Dinge, die einem vorher gar nicht aufgefallen wären. So begegnete mir mehrfach „unbewusste Telepathie". Es war Weihnachten, als ich bei meiner pflegebedürftigen Nachbarin nach dem Rechten sah. Meine beiden Hunde waren in meiner Wohnung geblieben. Als ich in der Küche meiner Nachbarin gerade den Tee zubereitete, schoss mir plötzlich ein Bild in den Kopf, wie mein Rüde gerade den Weihnachtsteller, mit vielen Schokoladenköstlichkeiten bestückt, inklusive Papier verzehrt. Darauf habe ich in diesem Moment natürlich nichts gegeben. Gedanken wie „Das bildest du dir nur ein" ersetzten schnell das Gesehene. Ich saß also noch eine Weile gemütlich mit der Nachbarin zusammen, bevor ich in meine Wohnung zurückkehrte. Dort erwartete mich ein „schöner" Anblick: Auf dem Fußboden verteilt lagen Verpackungsfetzen und Schokoladenreste. Tito hatte sich tatsächlich den ganzen Inhalt des Weihnachtstellers einverleibt.

Ramona Gliese mit ihren Hunden Kira und Tito.
(Foto: Münchberg)

Dies ist nur eines von vielen Beispielen, die sich zu jener Zeit in meinem Leben bemerkbar machten. Dass ich manchmal beim Klingeln des Telefons schon spürte, wer gerade anrief, erachtete ich nach wie vor als Zufall. Doch irgendwann fiel mir auf, wie viele dieser vermeintlichen Zufälle es doch gibt. All dies zusammen war dann ausschlaggebend dafür, dass ich mich zu einem Tierkommunikations-

Seminar anmeldete – obwohl ich mir immer noch nicht vorstellen konnte, die Telepathie selbst zu erlernen. Aber ich hatte nichts zu verlieren und ließ mich nur zu gern auf dieses Abenteuer ein.

In diesem Seminar wurden wir durch viele praktische Übungen langsam an die telepathische Kommunikation mit Tieren herangeführt. Es beeindruckte mich, wie schnell die anderen Teilnehmer Bilder sahen und ganze Häuser detailgetreu beschreiben konnten. Keines der Tiere, mit denen die Kommunikationen geführt wurden, war leibhaftig anwesend. Die Kontaktaufnahme erfolgte lediglich über ein Foto. Nur ich sah kein einziges telepathisch übermitteltes Bild während des ganzen Seminars. Zwar hatte ich den Eindruck, dass die Hündin der Seminarleiterin mir ein Bild von einem Schinken zusendete, doch das war eher ein „Gefühl" – was dann, zu meiner Freude, die Besitzerin der Hündin bestätigte. Doch dieses kleine Erfolgserlebnis überzeugte mich nicht in der Hinsicht, dass ich jemals – und schon gar nicht ab sofort – mit Tieren telepathisch kommunizieren könnte. Ich fuhr relativ verzweifelt nach Hause; denn mir war die Tierkommunikation mittlerweile wichtiger geworden, als ich mir bis dahin eingestehen wollte. Ich wollte telepathisch mit Tieren kommunizieren, und zwar unbedingt. Und ich wollte auch Bilder sehen. Heute weiß ich, dass genau darin das Problem lag. Durch diesen selbst erzeugten Druck konnte ich einfach nichts empfangen.

Einige Tage nach diesem Seminar rief ich die Leiterin an, um sie um ein Foto und Fragen von einem ihrer Tiergefährten zu bitten. Gespannt wartete ich auf diese Bilder. Als sie endlich ankamen, schlich ich tagelang um sie herum. Ich drückte mich davor, auch nur den Versuch einer Übung zu wagen – aus Angst, ich könne versagen. Diese Angst war unbegründet, denn niemand erwartete ein perfektes Ergebnis von mir. Diese Erkenntnis ließ es mich dann einfach versuchen. Noch bevor ich die erste Frage komplett telepathisch stellen konnte, „flog" mir die erste Antwort mit der Stimme eines mir unbekannten Wesens zu. Ohne nachzudenken schrieb ich alles auf, was so bei mir ankam. Ich war erstaunt, wie schnell ich Antworten erhielt. Davon konnte natürlich keine stimmen. Das hatte ich mir doch alles nur eingebildet und ausgedacht, war meine erste Reaktion auf dieses unglaubliche Ereignis. Unbedingt musste ich die Ergebnisse mit der Tierkommunikatorin besprechen, denn ich wollte wissen, ob irgendetwas von den „gehörten" Antworten tatsächlich stimmen konnte. Auch dieses Mal zögerte ich wieder einen ganzen Tag, bevor ich zum Telefonhörer griff und anrief. Ich war überrascht zu erfahren, dass mein Ergebnis zu 99 Prozent richtig war.

Aber auch dies legte ich unter der Rubrik Zufall ab. Nun kam meine Freundin Angela ins Spiel, die an mich glaubte und fragte, ob ich nicht mal mit einem Tier sprechen könnte, das sie gerade behandelte. Es gebe da noch die eine oder andere Ungereimtheit. Nach längerem Zögern habe ich es dann einfach gemacht. Wieder hörte ich die Antworten, und ab und an kam sogar ein Gefühl dazu. So spürte ich beispielsweise plötzliches Unwohlsein, das vom Tier auf mich übertragen wurde. Bei diesem Gespräch waren wieder alle Antworten, die ich bekam, richtig. Das war mir schon etwas unheimlich. Gleichzeitig war ich aber auch begeistert, wie gut die Gespräche schon funktionierten – und das, obwohl ich noch überhaupt keine Übung darin hatte. So sollte es aber nicht bleiben: In den folgenden telepathischen Tierkommunikationen „verhörte" ich mich auch mal. Oder ich war mir bei den Antworten nicht sicher. Das war auch gut so, denn sonst hätte ich nicht all diese Erfahrungen sammeln können.

Bis heute ist das „Hellhören" meine am stärksten ausgeprägte Fähigkeit. Nur vereinzelt empfange ich auch Bilder. Am Anfang hat mich dies sehr unglücklich gemacht. Heute habe ich es akzeptiert und gelernt, dass man keine Bilder sehen muss, um ein gutes telepathisches Gespräch mit Tieren führen zu können. Viel wichtiger ist es, dass man das annimmt, was zu einem kommt. Wir können es sowieso nicht beeinflussen.

Anhand meines Weges möchte ich Ihnen aufzeigen, dass Sie sich nicht entmutigen lassen sollten. Versuchen Sie nichts zu erzwingen, denn durch selbst auferlegten Zwang übersehen wir häufig unsere Fähigkeiten. Glauben Sie an sich selbst. Und das Wichtigste ist, dass Sie einfach weitermachen. Nur durch regelmäßige Übung verfeinern Sie Ihre Fähigkeiten, gewinnen Sicherheit und das Vertrauen in Ihre eigenen Kommunikationsfähigkeiten und vertreiben so auch noch letzte Zweifel in Ihr Können.

Angela Münchberg: „Ich sehe Filme vor meinem inneren Auge."

Mein erster Kontakt mit der Tierkommunikation begann, wie vielleicht auch gerade bei Ihnen, mit dem Erwerb von Büchern zu diesem Thema. Ich fand die Bücher toll, gut geschrieben, witzig und interessant. Nur anfangen konnte ich damit rein gar nichts. Nicht eine der darin beschriebenen Meditationen oder Übungen verhalf mit zu dem, was ich so gern wollte: mit Tieren telepathische Zwiegespräche führen. Also legte ich die Bücher beiseite und glaubte, diese „Gabe" nicht zu besitzen. In dieser Zeit nahm eine gute Bekannte von mir an einem Workshop zu diesem Thema teil und berichtete begeistert davon. Da ich jedoch auch das Buch genau dieser Seminarleiterin gelesen hatte und mein Wunsch trotzdem ohne Erfolg blieb, bestärkte mich dies nur in meiner Vermutung, dass ich nicht die Fähigkeit besaß, mit Tieren zu sprechen.

Ohne weiter an die Tierkommunikation zu denken, war ich als Tierheilpraktikerin glücklich damit, den Tieren auf meine Weise helfen zu können. Doch eines Tages geriet ich an einen Hunde als Patienten, dem ich nicht so helfen konnte, wie die Besitzer und ich es gern wollten. Der Hund lebte erst seit Kurzem bei dieser Familie, kam ursprünglich aus Lanzarote und von seiner Vorgeschichte war kaum etwas bekannt. Wie soll man einem Tier mit einer psychischen Disharmonie helfen, wenn man die Ursache nicht kennt? Vorsichtig fragte ich die Besitzer, wie sie denn einer Tierkommunikation zur Klärung gegenüberstehen würden. Sie zögerten ein wenig, waren aber nicht abgeneigt. Meine Bekannte, die das

Angela Münchberg mit ihren Hunden Ursus und Percy. (Foto: Münchberg)

Seminar besucht hatte und die ich kurz um Rat fragte, wandte bisher die Tierkommunikation nur für den „Hausgebrauch“ an. Aber sie nannte mir eine weitere Workshop-Teilnehmerin, die in Berlin dieser Tätigkeit mittlerweile professionell nachging.

Bereits bei meinem ersten Telefonat mit Silvia Dorrong spürte ich so etwas wie Magie und eine Art Seelenverwandtschaft. Silvia wollte mir gern helfen – allerdings stellte sie mir eine Frage, die mich stark irritierte: „Warum sprichst du nicht selbst mit diesem Hund?“ Ich berichtete ihr von meinen bisherigen Versuchen, mit Tieren telepathisch Kontakt aufzunehmen, und betonte energisch, dass ich diese Fähigkeit nicht besäße. Ich spürte beinahe durch den Telefonhörer ihr freundliches Lächeln, als sie mir erklärte, dass jeder Mensch über diese Gabe verfüge. Nur müssten einige Menschen erst den Weg dorthin wieder finden, wieder lernen, Urvertrauen zu haben, sie müssten bereit sein, Blockaden zu lösen, und dann offen sein für die „vergessene Sprache“.

Vielleicht wollte ich ihr einfach nicht glauben, oder es war für mich tatsächlich nicht der richtige Zeitpunkt, diesen Weg zu gehen. Auf jeden Fall schob ich diesen Dialog erst einmal beiseite. Silvia kommunizierte also wie versprochen mit dem Hund und brachte unglaubliche Ereignisse hervor. Mit den von ihr gewonnenen Einblicken in das bisherige Leben des Tieres war es endlich möglich, gezielt zu helfen. Nicht alle Traumata dieses Hundes konnten aufgelöst werden – einige sitzen zu tief in der Seele. Aber zu wissen, was diesem kleinen Wesen widerfahren ist, hat geholfen, bestimmte Verhaltensweisen viel besser zu verstehen und spezielle Situationen zu umgehen.

Nach dieser Erfahrung brach mein Kontakt zu Silvia nicht ab – im Gegenteil: Ich bat sie darum, mit meinen eigenen Tieren und denen meiner Eltern zu sprechen. „Warum machst du das nicht selbst?“ – Diese von ihr immer wieder gestellte Frage brachte mich dazu, endlich einmal genauer zu analysieren, was mich von einem erneuten Versuch abhielt. Mir fiel ein, dass ich als Kind die Fähigkeit des Visualisierens hatte. Ich konnte mir ganze Filme vor meinem inneren Auge vorstellen und die darin vorkommenden Personen und deren Handlungen nach meinen eigenen Wünschen gestalten. Irgendwann ist diese Vorstellungskraft verschwunden, ohne dass ich genau wüsste, wann oder warum. Aber nun hatte ich etwas, was ich Silvia antworten konnte.

Bei einem unserer nächsten Telefonate berichtete ich ihr von einem Hund, den ich an diesem Tag als neuen Patienten kennengelernt hatte. Kaum hatte ich zu erzählen begonnen, fiel sie mir ins Wort und sagte: „Es handelt sich um einen Golden Retriever mit massiven Problemen im Bewegungsapparat.“ Ich brauchte einen Moment, bis ich sie fragen konnte, woher sie das denn wisse. „Du hast mir gerade sein Bild und seine Empfindungen geschickt.“ Ich? Noch während ich darüber staunte, fiel mir ein, dass ich tatsächlich für den Bruchteil einer Sekunde das Bild des Hundes vor Augen gehabt hatte, während ich von ihm erzählen wollte. Durch dieses fast unglaubliche Ereignis war ich mir nicht mehr ganz so sicher, die Fähigkeit der Tierkommunikation nicht zu besitzen. Dafür war ich umso überzeugter davon, dass es bei mir einen Knoten gab, der zum Platzen gebracht werden musste. Und plötzlich, ohne dass ich es erklären konnte, hatte ich nun auch eine genaue Vorstellung

davon, wie dies geschehen sollte: durch eine Einweihung in Reiki!

Meine langjährige Freundin und Kollegin Ramona hatte zu dieser Zeit bereits ein Tierkommunikationsseminar besucht. Sie war begeistert und wollte ihr Wissen an mich weitergeben. Aber ich lehnte ab. Ich war mir ganz sicher, dass ich erst meinen Reiki-Weg gehen musste, um vorhandene Blockaden zu lösen, bevor ich für mentale Zwiegespräche mit Tieren bereit war. Ob nun Zufall oder Schicksal: Genau jetzt traf ich meine ehemalige Vermieterin, mit der ich auch gut befreundet bin. Sie ist Reiki-Meisterin und -Lehrerin, und schnell hatten wir einen Termin für meine Einweihung in den ersten Reiki-Grad vereinbart. Und dann passierte bei der Weihe genau das, was ich erwartet hatte: Der Knoten platzte. Noch während der Einweihungszeremonie konnte ich plötzlich wieder „sehen". Trotz geschlossener Augen sah ich jeden Schritt, jede Hand- und Körperbewegung, die meine Meisterin vollzog. Nun war ich für mehr, für die telepathische Kommunikation mit Tieren, bereit.

Meine ersten „Übungsobjekte" waren meine eigenen Tiere. Ich saß mit ihnen im Garten und bat sie darum, kurz den Kopf zu heben, wenn sie meine telepathisch übermittelten Worte hören konnten. Jedes einzelne meiner Tiere tat dies. Dennoch glaubte ich eher an einen Zufall und war nach wie vor von Zweifeln geplagt. Doch nun nahm ich Ramonas Angebot an, einige telepathische Übungen mit ihr zu machen, die in diesem Buch noch einzeln erklärt werden. Mir gaben diese telepathischen Übungen von Mensch zu Mensch mehr Selbstvertrauen und Sicherheit.

Nach und nach gewann ich mehr Sicherheit darin, wie und was man Tiere fragen konnte. Doch nun gab es für mich ein neues Problem: Ich wusste von Ramona, dass sie bei ihren Tierkommunikationen die Antworten als gesprochene Worte empfing. Jedes Tier antwortete ihr in einer eigenen Stimme. Ich dagegen hörte nichts dergleichen. Ich sah „nur" Bilder. Einerseits freute ich mich sehr darüber, endlich mit Tieren auf mentaler Ebene sprechen zu können. Andererseits wollte ich gern etwas hören können, weil ich viele Antworten über die Bilder nicht zu bekommen glaubte.

Zwischenzeitlich ging ich meinen Reiki-Weg mit der Einweihung in den zweiten Grad weiter. Voller Hoffnung, dann vielleicht endlich auch hören zu können, stellte sich eine ganz andere Fähigkeit ein: das „Fühlen". Wenn ich ein Tier nach seinen Beschwerden fragte, spürte ich diese an meinem eigenen Körper. So war es möglich, die betroffene Körperstelle zu lokalisieren sowie die Qualität und Intensität der Beschwerden einzuordnen. Aber: Ich konnte immer noch nicht hören. Und genau dieser starke Wunsch blockierte mich. Weil ich so darauf fixiert war, die Antworten in den Stimmen der einzelnen Tiere als gesprochenes Wort zu empfangen, bemerkte ich nicht, dass ich eigentlich schon von Beginn an hören konnte. Seit ich bewusst begann, mit den Tieren zu sprechen, erhielt ich nämlich nicht nur Bilder oder Gefühle, sondern auch gesprochene Worte. Da ich sie jedoch in meiner eigenen Stimme empfing, hatte ich sie als meine eigenen Gedanken abgetan. Irgendwann aber begann ich, stutzig zu werden. Da Ramona und ich viele Kommunikationen gemeinsam führten, besprachen wir natürlich auch unsere Ergebnisse. Und immer öfter bemerkte ich, dass sie Antworten erhielt, die ich „dachte". Als ich Silvia fragte, ob es möglich sei, auch in der eigenen Stimme zu hören, bejahte sie dies – und ich hätte mich am liebsten für meine eigene Ignoranz geohrfeigt. Von nun an schrieb ich bei den Tierkommunikationen auch alles mit auf, was ich zuvor immer als eigene Gedanken eingeordnet hatte. Und siehe da: Es waren immer wieder die gleichen Antworten, die Ramona in einer anderen Stimme hörte.

Wir haben Ihnen unsere persönlichen Geschichten so ausführlich erzählt, weil wir glauben, dass es wichtig ist für Sie zu erfahren, wie individuell verschieden die Fähigkeiten auftreten können. Wie Sie gesehen haben, kann man sich sehr stark blockieren, wenn man nur „erwartet" und nicht bereit ist, „einfach anzunehmen". Anfängliche Zweifel darüber, ob es wirklich telepathische Kommunikation gibt, sind menschlich – doch glauben Sie uns, es gibt sie wirklich. Versuchen Sie es selbst. Jeder Mensch, der bereit ist, diese angeborene Fähigkeit wiederzuentdecken, ist ein Mensch mehr, der dazu beiträgt, unsere Welt ein Stück besser zu machen.

(Foto: Tierfotoagentur/Beate Döring)

Was ist telepathische Tierkommunikation?

„Telepathie" bedeutet aus dem Griechischen übersetzt so viel wie „aus der Ferne empfinden" oder „aus der Ferne empfangen" – so steht bei dieser Art der Verständigung der nonverbale Aspekt im Vordergrund. Botschaften werden mit allen Sinnen empfangen und gesendet, jedoch ohne den üblichen Sprachgebrauch.

Jedem Menschen ist es angeboren, mit der eigenen Spezies oder auch mit anderen Lebewesen telepathisch zu kommunizieren. Durch unsere westliche Erziehung und die Anpassung an gesellschaftliche Normen haben wir das Wissen um diese Fähigkeit nur vergessen.

Zufälle, die keine sind

Vielleicht erinnern Sie sich an Ihren imaginären Spielkameraden aus Kindertagen? Oder an einen tierischen Freund, mit dem Sie früher regelmäßig in Gedanken gesprochen haben? Für Kinder ist es selbstverständlich, mentale Dialoge mit jedem Lebewesen zu führen. Sie betrachten Tiere als gleichwertig. Leider wird diese Selbstverständlichkeit von den Erwachsenen als „blühende Fantasie" abgetan. So verlernen wir nach und nach, unserem Bauchgefühl, unserer Intuition zu vertrauen. Wenn wir heute an einen Bekannten denken und diesen dann kurze Zeit später wirklich treffen, glauben wir an einen Zufall. Wenn das Telefon klingelt und wir förmlich spüren, wer anruft, noch bevor wir den Hörer abgenommen haben, glauben wir an einen Zufall. Wenn unser Gegenüber genau das

Für Kinder ist es selbstverständlich, mit anderen Lebewesen mentale Dialoge zu führen.
(Foto: Tierfotoagentur/Baum)

ausspricht, was wir gerade gedacht haben, glauben wir an einen Zufall.

Aber nichts davon ist Zufall, sondern „unbewusste Telepathie". Diese einzigartige intuitive Sprache verbindet uns von Herz zu Herz mit unseren tierischen Freunden und auch mit Menschen.

Die Frage „Gibt es Telepathie oder nicht?" ist den Ureinwohnern Australiens, Amerikas und Afrikas völlig fremd. Dort ist es heute noch absolut selbstverständlich, innerhalb der eigenen Spezies, mit Tieren und sogar Pflanzen telepathischen Kontakt aufzunehmen und sich auszutauschen. Hätten sich diese Menschen auf etwas eingelassen, das es unserer Meinung nach nicht gibt, hätten sie kaum bis heute in diesen teilweise menschenfeindlichen Gegenden überlebt.

Telepathie ist keine spezielle Gabe, die nur einigen auserwählten Menschen zur Verfügung steht, sondern eine grundlegende Fähigkeit jedes Menschen, die wir nur vergessen haben. Wenn man aber etwas vergessen hat, bedeutet das auch, dass man sich dieses Wissen wieder zu eigen machen kann. Unbewusst kommunizieren wir ja bereits telepathisch, wie die zuvor genannten Beispiele zeigen. Es geht also nur noch darum, sich diese intuitive Fähigkeit wieder bewusst zu machen.

Übung: Meditation

Für diese Übung sollten Sie mindestens 30 bis 45 Minuten Zeit einplanen. Sie können sich diese Meditation gern selbst auf eine Kassette sprechen und dann abspielen lassen. So können Sie sicher sein, keinen der einzelnen Punkte zu vergessen.

- Schalten Sie alle möglichen Lärm- und Störquellen wie Türklingel, Telefon und so weiter aus.
- Setzen Sie sich bequem hin.
- Schließen Sie die Augen.
- Nehmen Sie bewusst den Kontakt zwischen Ihren Füßen und dem Fußboden wahr.
- Atmen Sie ein paarmal tief ein und aus. Prüfen Sie mit jedem Einatmen, ob in Ihrem Körper Anspannungen vorhanden sind. Lassen Sie diese mit jeder Ausatmung aus Ihrem Körper fließen. Sie werden immer ruhiger.
- Stellen Sie sich vor, wie aus Ihren Füßen Wurzeln wachsen – Wurzeln von einem sehr alten Baum, dicke, starke und feste Wurzeln,

die sich ganz tief und weit in die Erde erstrecken. So sind Sie mit der Erde, mit Mutter Erde verbunden.
➲ Stellen Sie sich nun ein goldenes Licht vor, das tief in der Erde unter Ihnen leuchtet. Lassen Sie dieses Licht über die Wurzeln durch Ihre Füße in Ihren Körper eintreten. Spüren Sie das Licht, wie es sanft bis zu Ihren Knien hinaufgleitet.
➲ Ihr Körper entspannt sich mit jedem Atemzug mehr und mehr.
➲ Fühlen Sie die angenehme Wärme des goldenen Lichtes in Ihren Unterschenkeln, und lassen Sie das Licht nun langsam bis zu Ihren Hüften weiterfließen. Spüren Sie in sich hinein. Nehmen Sie das wohlige Gefühl in sich wahr.
➲ Ihr Geist wird immer ruhiger, Ihre Gedanken werden immer leiser.
➲ Der goldene Strahl wandert weiter, breitet sich über Ihren Bauch und Rücken aus. Lassen Sie alle Gedanken vorbeiziehen. Nehmen Sie die innere Stille wahr.
➲ Das Licht fließt sanft weiter, immer weiter. Es gleitet über Ihre Schultern in die Arme, bis in Ihre Hände, bis in jeden einzelnen Finger hinein.
➲ Stellen Sie sich vor, wie das Licht von Ihrem Oberkörper über Ihren Hals bis in Ihren Kopf weiterfließt. Das Licht durchdringt jeden Muskel, jede einzelne Faser Ihres Körpers. Alles in Ihnen entspannt sich mehr und mehr.
➲ Nehmen Sie sich einen Moment Zeit. Genießen Sie die Ruhe und Entspannung. Das Licht, das wohlige Gefühl vollkommener Entspannung und Stille erfüllt Ihren ganzen Körper, von den Füßen bis zu Ihrem Kopf.
➲ Halten Sie noch einen Moment inne und spüren Sie in sich hinein. Fühlt sich alles gut an? Fühlen Sie sich völlig entspannt? Hat das Licht jeden kleinsten Winkel in Ihrem Körper erreicht?
➲ Nun lassen Sie den goldenen Lichtstrahl aus Ihrem Kronenchakra – durch Ihren Oberkopf – aus Ihrem Körper hinausgleiten. Das Licht zerfällt außerhalb Ihres Körpers in goldene Tropfen oder in feinen Staub.
➲ Sehen Sie, wie Sie in diesem Lichtregen stehen. Wie er Sie einhüllt, umschmeichelt. Langsam sinkt der Lichtstaub auf die Erde, umringt Sie wie ein Kreis.
➲ Nun bücken Sie sich und sammeln den Staub auf. Nehmen Sie ihn in Ihre Hände. Stecken Sie den Lichtstaub in Ihre Hosentasche.
➲ Wann immer Sie das Gefühl der Ruhe, Entspannung und Stille brauchen, nehmen Sie etwas von diesen goldenen Lichtkörnern und werfen sie hoch. Stellen Sie sich in diesen Goldregen und erfahren Sie das Gefühl erneut.

Wenn Sie möchten, können Sie Ihren Hund in diese Meditation mit einbeziehen. In diesem Fall geben Sie Ihrem Hund etwas von dem Goldstaub ab, zum Beispiel können Sie den Staub in einem kleinen Baumwollsäckchen am Halsband befestigen. Im Kapitel „Vermisste Hunde wiederfinden“ (ab Seite 82) lesen Sie, warum das sinnvoll sein kann.

Wir haben heute ein ganz besonderes Verhältnis zu Tieren: Wir lieben unsere Haustiere, doch mit anderen Tieren gehen wir oft nicht ehrfurchtsvoll um.
(Foto: Tierfotoagentur/Döring)

Ursprünge der Tierkommunikation

Um den Ursprung der telepathischen Kommunikation mit Tieren darzulegen, müsste man wohl die komplette Schöpfungsgeschichte erneut aufschreiben. Es gibt keine Dokumentationen darüber, ob und wann in welcher Kultur das Sprechen mit Tieren begründet liegt – es dürfte so alt sein wie die Menschheit selbst. So, wie die Tiere seit Anbeginn der Zeit auf mentaler Ebene miteinander kommunizierten, so konnten dies auch die Menschen mit jedem anderen Lebewesen. Leider ging diese intuitive Fähigkeit im Laufe des Fortschritts weiter verloren, und sie wurde nur noch von einigen

Naturvölkern genutzt, deren Überleben stark von der engen Verbindung zu Tieren abhängt. Leider erliegen auch diese Kulturen immer mehr unserem Fortschritt und der von uns so hoch gepriesenen Zivilisation. Es wird diesen Menschen immer schwerer gemacht, in ihrem angestammten Lebensraum und nach ihren alten Traditionen fortzubestehen. Zu den wenigen Naturvölkern, die sich bis zu einem gewissen Grad ihre Freiheit erhalten konnten, zählen die Aborigines in den für uns so unwirklich erscheinenden australischen Outbacks. Auch einige nordamerikanische Indianerstämme konnten sich ihre kulturelle Tradition erhalten. Es wäre ein wahrer Zugewinn für die gesamte Menschheit, wenn diese Völker ihre spirituelle Verbundenheit zur Natur behalten dürften. Wir alle könnten vieles von ihnen lernen und uns damit wieder unseres eigenen Ursprungs bewusst werden.

Unser Verhältnis zur Natur und zu den Tieren hat sich in den letzten Jahrhunderten stark verändert. Durch die Zivilisation der Menschheit und die immer weiter vorangetriebene Industrialisierung haben wir vielleicht große Schritte in den Bereichen Wissenschaft und Technik gemacht. Aber zu welchem Preis? Mutter Erde wird ausgebeutet und geschändet ohne Rücksicht auf Verluste für kommende Generationen. Unzählige Tierarten wurden bereits ausgerottet, immer weitere sind vom Aussterben bedroht oder gehen unwiederbringlich verloren. Tiere haben den Stempel von gefühllosen Objekten aufgedrückt bekommen. Nun mögen Sie glauben, nicht zu solchen Menschen zu gehören und dass Sie Tiere lieben; schließlich haben Sie eigene Hunde, Katzen, Pferde, Vögel, Hamster ... Sie tun alles Ihnen Mögliche, damit es dem Ihnen anvertrauten tierischen Gefährten gut geht. Das ist toll und ehrt Sie sehr, denn wir alle wissen, dass es immer wieder Menschen gibt, denen es ein persönliches Vergnügen bereitet, Tiere zu quälen und zu misshandeln.

Doch wie ist es eigentlich um unsere Tierliebe bestellt, wenn wir ein Nackensteak auf den Grill legen? Wenn wir Löcher zu Ameisenbauten mit kochendem Wasser übergießen? Wenn wir eine Spinne töten? Auch diese Tiere verdienen unsere Liebe und unseren Respekt. Dieses Buch, das den Weg dazu aufzeigt, wie wir mit Tieren telepathisch Kontakt aufnehmen, kann vielleicht auch dazu beitragen, dass wir Menschen ein anderes und besseres Verständnis für alle Lebewesen entwickeln – nicht nur für unsere Haustiere.

Dazu bedarf es nicht einmal großer Veränderungen in Ihrem Leben. Die Naturvölker ernähren sich ja beispielsweise auch von Tieren. Aber sie bedanken sich bei dem Tier, das sich ihnen als Nahrung angeboten hat. Wir müssen nicht im Outback oder in der Prärie leben, um diesen respekt- und liebevollen Umgang mit Tieren zu pflegen. Das ist auch so in jedem Haushalt möglich. Bevor Sie das nächste Mal mit dem Verzehr eines Schnitzels oder Steaks – möglichst von Tieren, die artgerecht gehalten wurden und keine langen Transportwege bis zum Schlachthof erleben mussten – beginnen, bedanken Sie sich im Stillen bei dem Tier, das Ihnen diese Mahlzeit möglich macht. Sie werden staunen, wie einfach das ist und um wie viel Sie sich vielleicht besser fühlen oder das Stück Fleisch sogar besser schmeckt. Dies ist nicht nur bereits eine kleine Übung, um den Weg der Tierkommunikation zu beschreiten, sondern führt Sie ebenso ein ganzes Stück zu Ihrem eigenen Ursprung zurück.

Erinnern Sie sich noch an Ihr „inneres Kind"? Es schließt Ihnen eine wichtige Tür auf dem Weg zur telepathischen Tierkommunikation auf. (Foto: Tierfotoagentur/Mirsberger)

Um ein besseres Verständnis für die telepathische Tierkommunikation zu bekommen, lassen Sie uns eine kleine Reise in die eigene Vergangenheit unternehmen. Wie gesagt: Jeder Mensch kann mit Tieren mentale Gespräche führen. Wir behaupten sogar, dass dies ein Geburtsrecht eines jeden Menschen ist. Warum haben wir dann diese Fähigkeit verloren? Bei vielen von uns liegt der Grund für diese Blockade – und etwas anderes ist es wirklich nicht – in unserer Kindheit.

Im Laufe unseres Lebens passen wir, die einst unbeschwerten, feinfühligen Kinder, uns immer mehr den gesellschaftlichen Normen an, die für Individualismus kaum Platz lassen. Das beginnt mit dem Einfügen in eine Gruppe im Kindergarten und geht weiter in der Schule, wo wir sehr

schnell lernen, dass hauptsächlich Leistung zählt und „Sensibelchen“ nicht in das Bildungssystem passen. Im Berufsleben „funktionieren“ wir schließlich oft so, wie es sich die Gesellschaft vorstellt. Unseren Eltern ging es genauso – deshalb ist es nicht verwunderlich, dass wir keine oder nur selten Aufmerksamkeit für unsere vermeintlich blühende Fantasie erfahren haben. Auch die Prägung durch eine wissenschaftsgläubige Welt, in der nur das als „wahr“ gilt, was nach heutigem Stand der Wissenschaft belegbar, messbar, analysierbar ist, trägt dazu bei, dass bei vielen von uns Stück für Stück eine Mauer aufgebaut wird, die unsere naturgegebenen Fähigkeiten von uns fernhält. Aber das alles bedeutet nicht, dass wir es nicht mehr können! Es bedeutet lediglich, dass wir uns dieser Fähigkeit wieder bewusst werden, die feinen Antennen wieder ausfahren, die Kanäle wieder öffnen müssen.

Aus diesem Grund setzt eine unserer elementarsten Basisübungen genau an diesem Punkt an: Es geht um die Wiederentdeckung des „inneren Kindes“. Und damit beschreiten Sie einen Pfad, um selbst an der weiteren Ursprungsgeschichte der Tierkommunikation mitwirken können.

Übung: Das innere Kind

Schalten Sie wieder sämtliche Lärm- und Störquellen aus. Bitte nehmen Sie sich etwas zum Schreiben und setzen Sie sich bequem hin. Entspannen Sie sich mit ein paar tiefen Atemzügen. Lassen Sie Ihre Gedanken zur Ruhe kommen und nehmen sich Zeit – so viel Zeit, wie Sie brauchen, um nachfolgende Fragen zu beantworten:

➲ In welcher Situation hat Sie ein Tier am deutlichsten beeindruckt (zum Beispiel durch sein Verhalten, durch eine bestimmte Situation)?

➲ In welcher Situation haben Sie ein Tier beeindruckt?

➲ Wann hat Sie ein Tier am deutlichsten emotional berührt?

➲ Wann haben Sie ein Tier emotional berührt?

➲ Wann hat Sie ein Tier ausgesucht?

➲ Wann haben Sie ein Tier ausgesucht?

Auch wenn Ihnen diese Übung „sehr unspektakulär“ vorkommen mag, so haben Sie dadurch doch eine Art „Zeitreise“ in Ihr Inneres unternommen. Sie sind in sich gekehrt, haben in Ihrem tiefsten Inneren geforscht, um diese Fragen beantworten zu können. Mehr bedarf es nicht, um sich zu öffnen, um sein „inneres Kind“ wiederzuentdecken.

Was sagt die Wissenschaft?

Nach dem derzeitigen Stand der Forschung stecken Schwingungen in jeder Form von Materie: in jedem Lebewesen, in jedem Stein, in jedem Metall, in jedem Tropfen Wasser ... Als dieses Buch geschrieben wurde, lautete die aktuelle Lehrmeinung: Materie besteht größtenteils aus Energie. Gerade waren bahnbrechende Entdeckungen über das Gedächtnis des Wassers, über das Erinnerungsvermögen von einzelnen Körperzellen (sie enthalten das Wissen des gesamten Körpers) und dergleichen eine Sensation. In der Biophotonik fand man messbare Lichtenergie in den Zellen von frischen, rohen Lebensmitteln und bestätigte, dass rohe Ernährung für Mensch und Tier die beste, gesündeste, natürlichste Energie liefert: Lichtnahrung. Neurobiologen entdeckten eine Verbindung zwischen Gefühlen und Körperzellen, da Gefühle biochemische Vorgänge in Gang setzen. Man erkannte, dass Körperzellen Gefühle speichern und sich an Freude und Leid erinnern, sogar schon während der Zeit im Mutterleib.

An all diese Dinge hatte lange Zeit niemand geglaubt, es gab einfach keine entsprechenden Messinstrumente. Für die Ansicht, dass Emotionen krank beziehungsweise gesund machen können, waren Anhänger der Homöopathie und der Bachblütentherapie noch vor gar nicht langer Zeit ausgelacht worden.

Auch bei der telepathischen Tierkommunikation scheinen Schwingungsfrequenzen in Körperzellen und im Gehirn (Alphawellen bei völliger Entspannung) die entscheidende Rolle zu spielen. In dieser Richtung forscht man in der sogenannten Quantenholografie. Dabei geht man davon aus, dass beim Senden von Gedanken eine Resonanz erzeugt wird, ähnlich wie beim Sonar. Entsprechende Schwingungen kommen als Bild/Film, Ton/Worte, Geruch, Geschmack oder Gefühl zum Absender zurück. Quantenholografie findet in jeder Zelle des Körpers statt. Bei der Telepathie verbindet man sich mit der Erinnerung der Tiere – man ruft sozusagen das gespeicherte Wissen aus den Körperzellen ab. Dazu kann auch das Wissen von Generationen von Ahnen gehören. Stimmt allerdings die Frequenz nicht, hat man sozusagen beim Funken/Empfangen den falschen Sender eingestellt, dann klappt die Telepathie nicht.

Wichtig für das weitere Verstehen ist, dass die beiden Hälften unseres Gehirns unterschiedliche Aufgaben haben:
– Die linke Hirnhälfte ist zuständig für Verstand, Logik, rationales Denken, für die Steuerung der rechten Körperhälfte, für das Analysieren und das Zerlegen in Einzelteile, wie in der westlichen Zivilisation üblich.
– Die rechte Hirnhälfte steht für Herz, Intuition, Emotionen; sie steuert die linke Körperhälfte und ist für das Zusammenfügen, das Wahrnehmen des Ganzen zuständig, wie es eher im Denken östlicher Kulturen üblich ist.

Tierkommunikation spielt sich auf der Gefühlsebene (rechte Hirnhälfte) ab, in einem anderen Teil des Gehirns als Forschung und der Umgang mit Zahlen (linke Hirnhälfte). Daher werden rational und analytisch denkende Menschen, die überwiegend die linke Hirnhälfte aktivieren, kaum Zugang zur Telepathie finden. Konzentriert man sich zu sehr auf die eine oder andere Gehirnhälfte, kann

man das große Ganze nicht mehr sehen. Bei Wissenschaftlern kommt meist die Gefühlshälfte zu kurz, bei Esoterikern das rationale Denken. Jeder Schüler, der bei den Hausaufgaben Musik hört, und jeder Autofahrer, der sich bei Musik auf das Fahren konzentriert, weiß, dass das Gehirn besser funktioniert, wenn beide Hälften angeregt sind – mögen auch besorgte Eltern und Beifahrer das Gegenteil vermuten.

Telepathie wird seit Langem erforscht. Vor allem das Militär erhofft sich neue Möglichkeiten der Kommunikation, um gegenüber einem Gegner im Vorteil zu sein, zum Beispiel durch telepathische Übermittlung von Befehlen oder Geheimplänen. Es hat grausame Tierversuche gegeben, bei denen das Militär feststellen wollte, wie Tiermütter auf das Leid ihrer in einiger Entfernung gequälten Kinder reagieren. Sie reagierten auf die Sekunde genau, nachgewiesen durch extreme Ausschläge bei Hirnstrommessungen. Die Tiermütter mussten also Signale von ihren Kindern empfangen haben. Forscher beschäftigen sich mit dem Weltgedächtnis außerhalb des Gehirns, mit morphogenetischen Feldern (Anziehungskraft zwischen Lebewesen), Quarks (Elementarteilchen), Strings (vibrierende eindimensionale Objekte), dem „Phänomen des 100. Affen“ (ein auf fremde Gruppen derselben Tierart überspringendes Verhalten bei räumlicher Distanz, also ohne Lernen am Vorbild) und dergleichen. Dabei kam heraus:

– Was wir Materie nennen, ist größtenteils Energie.
– Jede Materie schwingt.
– Alles, was auf der Erde geschieht, wird in der Materie gespeichert.
– Alles ist energetisch mit allem verbunden, ist ein großes Energiefeld.

Bei der Telepathie fühlt man sich in Schwingungen der Materie ein. Wie das genau funktioniert, wissen wir noch nicht. Aber man weiß, dass Schwingungen Ereignisse anziehen. Tiere finden zu ihren Besitzern zurück, obwohl sie nicht wissen, wo sie suchen müssen. Verlorene Gegenstände tauchen „zufällig“ bei ihren Besitzern wieder auf. Von Herzen ausgesprochene Wünsche gehen in Erfüllung, so lehrt es das positive Denken. Als moderne Form des Betens schickt man heutzutage Bestellungen ans Universum. Das alte Gesetz der Anziehung wird uns eindrucksvoll als „The Secret“ unterbreitet, als ein Geheimnis, das viele großartige Menschen kannten. Gedanken haben eine Frequenz, die wir aussenden und die wie ein Magnet das Entsprechende anziehen – was man fühlt und denkt, das erschafft die Zukunft.

Das Resultat dieser Methode (Bitten, Glauben, Empfangen) ist dasselbe wie beim Beten, solange man die Demut dabei nicht vergisst: Das Universum „liefert“ oft sehr schnell und manchmal mit einer gewissen Komik, sodass man das Gefühl hat, die Dinge machten sich selbstständig. Plötzlich fällt einem etwas vor die Füße oder man trifft nach langer Zeit einen Menschen, an den man gerade gedacht hat. Warum? Weil man eine geistige Verbindung geschaffen hat. So, wie man eine Bindung an sein Haustier hat, wenn es uns erwartet, sobald wir beschließen, nach Hause zu fahren. Studien belegen dieses Verhalten.

Zufälle fallen uns zu, weil wir sie brauchen. Manchmal werden wir mehrfach mit der Nase auf ein Thema gestoßen und spüren, dass es eine Bedeutung für uns hat. Man nennt das Synchronizität. Die Dinge schwingen sich aufeinander ein.

Hündinnen, die in dem selben Haushalt leben, werden bald zur selben Zeit läufig. Das kann man noch damit erklären, dass bei den Wölfen, den Ahnen der Hunde, die nicht gedeckten, aber scheinträchtigen „Tanten“ den Nachwuchs säugen, falls die Alphawölfin ausfällt. Man gibt sich damit zufrieden, dass die Herzen der Wölfe und Hunde im gleichen Takt schlagen. Ebenso schwingen bald Uhren im selben Takt, wenn man sie nebeneinander hängt: der „Pulsschlag des Universums“. Wir sprechen vom „Ohr am Puls der Zeit“, wenn Mode- und Möbeldesigner den „richtigen Riecher“ für die kommende Mode, den Geschmack der Menschen in der Zukunft haben. Auch das ist dieselbe Wellenlänge von Schwingungen, Einfühlungsvermögen, Intuition, „Bauchgefühl“, eine Kombination von allen Sinnen; da würden Marktanalysen allein wenig nützen.

Es leuchtet ein, dass sich auch die Körperzellen von uns und unseren geliebten Tieren in ihrer Schwingung angleichen: „Wie der Herr, so's G'scherr.“ Die gleiche Wellenlänge sorgt mit der Zeit für die gleichen Gesichtszüge und seelische Ähnlichkeiten

Selbst wenn man es (noch) nicht wissenschaftlich bis ins letzte Detail erklären kann: An der Möglichkeit telepathischer Verständigung besteht für uns kein Zweifel. (Foto: Münchberg)

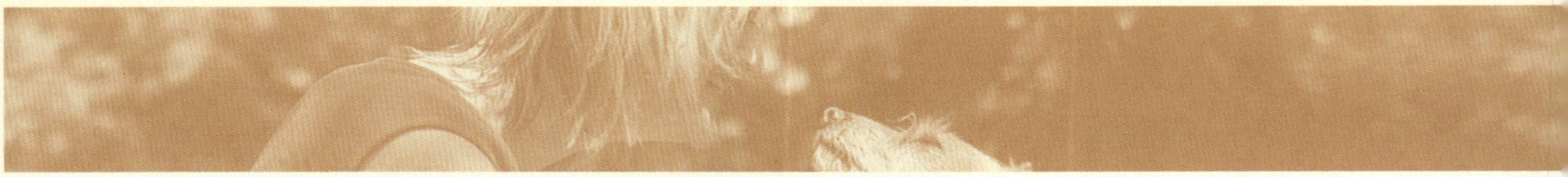

bei Mensch und Tier. Dadurch kommt es sogar zu den gleichen Krankheiten. Manchmal versucht das Tier, dem Menschen seine Krankheit „abzunehmen“, sie wenigstens zu mildern – oder auch umgekehrt: Der Mensch nimmt dem Tier etwas von seinem Leid ab. Das geschieht, ohne dass man sich dessen bewusst ist und ohne dass man eine Vorstellung davon hat, wie man es macht, wie man den harmonischen Ausgleich herstellt.

Der Tierhalter ist also dazu prädestiniert, einen telepathischen Kontakt zu seinem Tier herzustellen, weil er sich im wahrsten Sinn des Wortes auf das Tier eingestimmt hat.

Letzten Endes ist es egal, ob Telepathie sich heute oder morgen wissenschaftlich erklären lässt. Wir brauchen nicht darüber nachzudenken. Nicht die Wissenschaft ist entscheidend, sondern unser Gefühl. Vertrauen wir auf die Anziehung, auf das Band zwischen uns und unserem Tier, dem unsichtbaren Band der Liebe, dem Band von Herz zu Herz. Wohl fast jeder kennt die „magische“ Verbindung zwischen sich selbst und einem Tier aus dem Tierheim oder einem Welpen beim Züchter, bei dem es „klick“ machte und man sofort wusste: Der ist es und kein anderer! So etwas ist schlicht Tatsache – ob die Wissenschaft es nun erklären kann oder nicht. Isaac Newton sagte einmal: „Die Dinge brauchen nicht erklärbar zu sein. Es genügt, dass sie wahr sind.“

Der Alphazustand

Gehirnschwingungen können mit einem Elektroenzephalografen (EEG) gemessen und sichtbar gemacht werden. Während Sie diese Zeilen lesen, „schwingt“ Ihr Gehirn auf einer bestimmten Frequenzstufe. Da Sie sich in einem aktiven, wachen Zustand befinden, wird es sich um 14 bis 21 Zyklen pro Sekunde handeln, die sogenannte Betastufe. Das ist die Stufe für die bewusste Wahrnehmung der Umwelt und das Handeln.

Im Betazustand erfassen wir die physische Welt mit unseren Sinnen (Sehen, Hören, Riechen, Schmecken, Ertasten) und nehmen Zeit und Raum wahr.

Wenn wir uns entspannen, verlangsamt sich die Frequenz der Gehirnschwingungen. Wir begeben uns in den Bereich zwischen 7 und 14 Zyklen pro Sekunde, den sogenannten Alphabereich. Hierbei handelt es sich um die Stufe für die Wahrnehmung des innerlich bewussten Bereiches, des Denkens und Schlafens. Im Alphazustand erfassen wir die „spirituelle Welt“. Körperbedingte Sinne werden zurückgelassen und die Wahrnehmung außerhalb dieser Sinne beginnt. Mit dem Alphabereich begeben wir uns in eine nicht körperliche Dimension und so verlieren auch Zeit und Raum ihre Begrenzungen. In diesem Zustand werden wir von der Intuition und von medialen Fähigkeiten geleitet, da in diesem Schwingungsbereich unsere beiden Gehirnhälften zusammenarbeiten. Psychologen nennen diese Bereiche das „Unterbewusstsein“. Genau diesen „Zustand“ benötigen wir, um uns mit unseren Tieren telepathisch zu verständigen. Im Bereich der Tierkommunikation setzen wir diese Bewusstseinsstufe allerdings nicht mehr „unterbewusst“, sondern ganz „bewusst“ ein.

Nun stellen Sie sich Ihr Gehirn als einen Muskel in Ihrem Körper vor, der bestimmte Aufgaben nur selten oder nie zu erfüllen braucht. Solch ein Muskel baut im Laufe der Zeit seine Masse ab, seine Fähigkeit verkümmert. Denken Sie nur an ein Bein, das nach einem Knochenbruch eingegipst wird: Die Muskulatur des Beins wird nicht beansprucht, die Muskelmasse bildet sich zurück. Nachdem der Gips entfernt wurde und das Bein wieder zum Laufen eingesetzt werden kann, baut sich automatisch die Muskelmasse wieder auf. So verhält es sich auch mit unserem Gehirn. Wenn wir nie das „Unterbewusstsein“ bewusst nutzen, müssen wir es erst langsam an diese „ungewohnte Bewegung“ gewöhnen. Sie würden, nachdem der Bruch verheilt und der Gips entfernt wurde, ja auch nicht gleich an einem Marathon teilnehmen können, sondern müssten erst einmal das „normale“ Gehen wieder lernen. Manchmal werden wir durch dieses Training mit Muskelkater konfrontiert. Auch unser Gehirn wird uns eventuell während des Aufbaus mit einer Art Muskelkater, dem Kopfschmerz, begleiten. Mit ausreichend Flüssigkeitszufuhr in Form von (Mineral-) Wasser können wir uns dieses Schmerzes jedoch leicht entledigen. Welches „Trainingstempo“ für Sie das richtige ist, können Sie natürlich nur selbst entscheiden. Die nachfolgende Übung soll Ihnen dabei helfen, den Alphazustand zu erreichen, zu halten und bewusst wahrzunehmen. Wie häufig und über wie viele Tage hinweg Sie diese Übung anwenden, bleibt ganz Ihnen und Ihrem persönlichen Trainingstempo überlassen. Wir empfehlen, mit den weiterführenden Übungen erst dann zu beginnen, wenn Sie das Gefühl haben, die Übung für den Alphazustand sicher zu beherrschen.

Der Alphazustand ist ein ganz besonderer Bewusstseinszustand, den zu erreichen wir mit bestimmten Übungen trainieren können. (Foto: Münchberg)

Übung: Alphazustand erreichen und halten

➲ Schalten Sie sämtliche Lärm- und Störquellen aus.

➲ Setzen Sie sich bequem hin und schließen Sie die Augen.

➲ Nehmen Sie drei tiefe Atemzüge und lassen Sie mit jedem Ausatmen die Anspannung, die Gedanken und mögliche Sorgen Ihren Körper und Geist verlassen.

➲ Zählen Sie in Gedanken langsam von 50 auf 1 herunter: 50, 49, 48 ...

➲ Visualisieren Sie den Futternapf Ihres Hundes. Stellen Sie sich ihn ganz genau vor. Welche Farbe hat er? Aus welchem Material besteht er? Welche Form und Randhöhe hat er? Sind schon Kratzer oder andere Gebrauchsspuren vorhanden?

➲ Nun lassen Sie den Futternapf vor Ihrem geistigen Auge wieder verschwinden.

➲ Zählen Sie von 1 bis 10 langsam wieder hoch: 1, 2, 3 ... Bei der Zahl 5 angekommen, sagen Sie sich selbst, dass Sie bei 10 hellwach sein und sich hervorragend fühlen werden. Zählen Sie weiter bis 10 und bestätigen Sie sich noch einmal, dass Sie nun hellwach sind und sich hervorragend fühlen.

➲ Öffnen Sie die Augen.

➲ Trinken Sie mindestens ein Glas Wasser.

Was ist passiert? Was haben Sie gerade „gesehen"? Rufen Sie sich noch einmal alle Einzelheiten ins Gedächtnis zurück. Gehen Sie zu dem realen Futternapf Ihres Hundes und betrachten ihn ganz genau. Ist da wirklich oben ein kleines Stück aus der Keramik herausgebrochen? Ist das Blau wirklich so leuchtend, wie Sie es gesehen haben? Überprüfen Sie Ihre Vision auf Übereinstimmungen mit der Realität. Wie treffend stimmen sie überein? Was haben Sie selbst „hinzugedichtet" und was entspricht den Tatsachen? Wie hoch oder niedrig Ihre Trefferquote auch gewesen sein mag: Freuen Sie sich aus tiefstem Herzen, denn Sie haben soeben den ersten Schritt getan, im Alphazustand bewusst Dinge wahrzunehmen.
In den nachfolgenden Tagen können Sie diese Übung mit anderen Gegenständen wiederholen, zum Beispiel mit der Hundeleine, dem Schlafplatz oder auch einem Kleidungsstück. Sie können auch die „Schwierigkeitsstufe" erhöhen und zu dem Napf zurückkehren. Befüllen Sie diesen in Gedanken mit dem Futter, das Ihr Hund von Ihnen bekommt. Betrachten Sie auch diese Nahrung ganz genau: Welche Form, welche Farbe hat sie? Wenn Sie möchten, probieren Sie das Futter auch ruhig einmal im Geiste. Welchen Geruch hat es, wie schmeckt es, wie ist seine Konsistenz?

Wozu aber dient nun das Zählen bei dieser Übung? Für die telepathische Kommunikation ist ein entspannter Zustand genauso notwendig wie das Klingeln an einer Haustür, wenn man möchte, dass der Bewohner die Tür öffnet und den Besucher auch noch hereinlässt. Das Rückwärtszählen hilft Ihnen, sich zu entspannen. Durch Entspannung werden die Gehirnschwingungen verlangsamt, Sie begeben sich in den Alphazustand und Ihr Bewusstsein tritt von den äußeren in die inneren Bereiche der Wahrnehmung ein. Durch den Kontakt zu unseren inneren Bereichen können wir mit den Tieren telepathischen Kontakt aufnehmen.

Da wir ja kontrolliert in den Alphazustand eintreten möchten, bedarf es auch einer Technik, um uns wieder kontrolliert aus ihm herauszuholen. Dafür ist das Hochzählen geeignet. Vorwärtszählen holt uns in den Betazustand zurück und macht uns handlungsbereit. Sie kennen das vielleicht noch aus der Sportstunde in der Schule, als die Startvorbereitung für einen Sprint beispielsweise mit „eins, zwei, drei – los!" angezählt wurde.

Im Laufe der Zeit werden Sie den Alphazustand immer schneller und einfacher bewusst herbeiführen können. Dann benötigen Sie nicht mehr die „lange Version", sondern können den Countdown von 50 bis 1 auf 20, 10 und später sogar auf 5 bis 1 verringern. Auch das Vorwärtszählen wird dann von 1 bis 5 ausreichend sein. Sie selbst werden am besten wissen, wann Sie für die „nächste Stufe des Zählens" bereit sind.

Kann das wirklich jeder lernen?

Die Antwort auf diese Frage ist so verblüffend wie einfach und lautet: Ja! Doch nun kommt, wie bei fast allem in unserem Leben, das „Aber". Wie bereits erwähnt, ist die Fähigkeit der telepathischen Kommunikation ein Geburtsrecht eines jeden Menschen, das viele von uns für die Zivilisation und den Fortschritt „abgetreten" haben. Während die Naturvölker ihr Wissen um diese Gabe von Generation zu Generation weitergeben und aufrechterhalten, gibt es in unserer westlichen Gesellschaft nur wenige Menschen, die sich diese Gabe durch ihre Kindheit hindurch bewahrt haben. Bei den meisten von uns schlummert die Fähigkeit unter der „Anpassung der gesellschaftlichen Norm" und wartet nur darauf, wiedererweckt zu werden. Das bedeutet, dass wirklich jeder diese „vergessene Sprache" wiedererlernen kann, wenn er sich darauf einlässt und dazu bereit ist. Natürlich wird es dem einen leichter fallen als dem anderen. In der Schule haben wir ja auch nicht alle gleich schnell das Rechnen oder Lesen erlernt.

Einigen von uns fällt es leichter zu glauben, dass es mehr zwischen Himmel und Erde gibt, als die Wissenschaft bis jetzt erklären kann. Anderen wird die vermeintliche Vernunft oder Logik einen Strich durch die Rechnung machen. Dadurch bleiben die Blockaden bestehen; denn für Logik ist die linke Hirnhälfte zuständig, für Telepathie und Gefühle aber die rechte. Man stellt sich damit also selbst ein Bein, die Kanäle für diese feinen Schwingungen können nicht frei gemacht werden und die Antennen für diese Frequenzen bleiben stecken.

Menschen sind unterschiedlich – einigen fällt es sehr viel leichter als anderen, sich für Dinge zu öffnen, die wissenschaftlich nicht erklärbar sind. (Foto: Tierfotoagentur/Mirsberger)

Aber die Bereitschaft, diese Fähigkeit wieder anzunehmen, ist ein erster Schritt in Richtung der telepathischen Kommunikation. Mitmenschen, denen es schwerfällt oder sogar unmöglich erscheint, an etwas zu glauben, dass man nicht sehen, fühlen, riechen, schmecken oder gar anfassen kann, sind in ihrem Verhaltensmuster gefangen. Für sie kann nicht sein, was nicht sein darf. Es würde ihr ganzes Weltbild auf den Kopf stellen, möglicherweise sogar zerstören. Sie befürchten, ihren bisherigen Platz in der Gesellschaft zu verlieren, wenn sie an etwas glauben würden, was man seit ihrer Kindheit „auszuradieren" versucht hat. Diesen Menschen wird es nur sehr schwer gelingen, die „vergessene Sprache" wieder zu erlernen.

Ihre Offenheit, Ihr Glaube und Ihr Vertrauen sind die eigentlichen Schlüssel, um die Fähigkeit zur telepathischen Tierkommunikation wieder zu öffnen. Dieses Buch soll Ihnen dabei helfen, die „vergessene Sprache" wieder fließend sprechen und hören zu können. Die Gabe selbst können wir Ihnen nicht vermitteln, sie liegt bereits in Ihnen.

Übung: Vorgegebene Farben senden und empfangen

Um später einmal eine stabile telepathische Verbindung zu Ihrem Hund herstellen zu können, ist es sinnvoll, zunächst mit einer anderen Person zu üben. Zum einen erscheint es einfacher, sich innerhalb der eigenen Spezies eine telepathische Verbindung vorzustellen und auch tatsächlich aufzubauen. Zum anderen erhalten wir von einem menschlichen Partner sofort eine Rückmeldung. So ist es ein Leichtes für uns, die telepathische Gedankenübermittlung sofort auf ihre Richtigkeit zu überprüfen.

Für die nachfolgende Übung brauchen Sie einen Partner, da jeweils eine Person als „Sender“ und die andere Person als „Empfänger“ fungiert. Sie sollten sich vor Beginn der Übung absprechen, wer als Erster welchen Part übernimmt. Es ist vorteilhaft, alle möglichen störenden Faktoren auszuschalten. Gerade am Anfang werden Sie noch Probleme haben, die Konzentration über einen längeren Zeitraum zu halten. Dann erweist sich ein klingelndes Telefon oder ein laufender Fernseher als Katapult und schleudert Sie ganz schnell aus dem telepathischen Zustand wieder heraus.

➲ Setzen Sie sich auf zwei gegenüberstehende Stühle. Wenn es für Sie und Ihren Übungspartner angenehm ist, dürfen Sie sich während dieser Übung berühren (zum Beispiel die Handflächen aneinanderhalten oder die Hände auf die Knie des Übungspartners auflegen). Der Körperkontakt zum Gegenüber erleichtert es einigen Menschen, sich die telepathische Verbindung überhaupt erst einmal vorzustellen zu können.

➲ Einigen Sie sich auf eine Farbe. Nehmen Sie keine komplizierten, variablen Farbgebungen wie Flieder, Violett oder Türkis, sondern bleiben Sie bei Rot, Blau, Gelb, Braun, Orange und Grün. Das ist für den Anfang einfacher für Sie beide. Jeder einzelne nun folgende Schritt sollte von Ihnen und Ihrem Übungspartner vollzogen werden.

➲ Schließen Sie während der Übungseinheit die Augen. Lassen Sie alle Gedanken vorbeiziehen. Tauchen Sie in den Alpha-Zustand ein.

➲ Nun bauen Sie eine Art Schutzschild um sich und Ihren Partner auf. Das kann beispielsweise eine Glaskugel, eine Seifenblase oder auch ein Zelt sein. Lassen Sie Ihrer Fantasie freien Lauf.

➲ Der nächste Schritt ist die Erdung. Es ist immens wichtig, dass Sie sich vor jedem telepathischen Kontakt erden, mit Mutter Erde verbinden. Auch hier obliegt es Ihrer persönlichen Vorstellungskraft, welche Möglichkeit Ihnen am angenehmsten erscheint. Sie dürfen sich vorstellen, wie Wurzeln aus Ihren Füßen in die Erde wachsen. Oder dass Sie einen Anker auswerfen, der sich tief in die Erde eingräbt. Oder dass Sie durch eine Schnur mit dem Mittelpunkt der Erde verbunden sind. Oder, oder, oder.

➲ Wenn Sie sich geschützt und geerdet fühlen, stellen Sie eine Verbindung zu der Ihnen gegenübersitzenden Person her, zum Beispiel durch einen Lichtstrahl, eine Brücke, ein Seil oder auch ein Gummiband. Dies verbindet Sie von Herz zu Herz oder von Stirn zu Stirn. Auch hier steht es Ihnen frei, für welche Möglichkeit Sie sich entscheiden möchten. Vielleicht fällt Ihnen ja auch etwas ganz anderes ein. Wichtig ist, dass sich die Art des Schutzes, der Erdung und der Verbindung für Sie persönlich stimmig anfühlt. Ob Sie einen Übertragungskanal zu Ihrem Gegenüber hergestellt haben, werden Sie an den gewählten Verbindungspunkten als Wärmegefühl oder auch als sanften Druck spüren – die Empfindung ist individuell verschieden.

➲ Nun tauschen Sie sich noch kurz mit Ihrem Übungspartner aus, denn es ist wichtig, dass auch wirklich beide Partner alle Übungsvorbereitungen abgeschlossen haben. Lenken Sie Ihre Aufmerksamkeit zu dem bevorstehenden telepathischen Kontakt.

➲ Schicken Sie noch einmal alle ablenkenden Gedanken fort. Nehmen Sie drei tiefe Atemzüge und richten Sie Ihren Fokus auf Ihren Kommunikationspartner.

➲ Nun kann der „Sender" die zuvor gewählte Farbe übermitteln. Stellen Sie sich genau vor, welchen Weg die Farbe zu Ihrem Gegenüber nehmen muss und wie sie dort ankommt. Um dem Empfänger die Aufgabe zu erleichtern, kann der Sender ihm am Anfang sprachlich mitteilen, wann genau er mit der Übermittlung beginnt. So hat der „Empfänger" die Möglichkeit, sich ganz und gar auf das Eintreffen der Botschaft zu konzentrieren.

➲ Nehmen Sie an, was bei Ihnen ankommt. Vielleicht gab es für den Bruchteil einer Sekunde ein Bild in Ihrem Kopf. Oder Sie hörten etwas, nahmen ein Gefühl wahr. Das Erste, was in Ihrem Kopf, in Ihren Gedanken auftaucht, ist richtig. Das war ein Gedanke Ihres Gegenübers.

➲ Lösen Sie nun sämtliche Verbindungen, bauen Sie den Schutzschild wieder ab. Werden Sie sich der Gegenwart, des Hier und Jetzt wieder bewusst. Tauschen Sie sich mit Ihrem Partner über das gerade Erfahrene aus, bevor Sie die Rolle des „Senders" und „Empfängers" wechseln.

➲ Um zu mehr persönlicher Sicherheit zu gelangen, können Sie diese Übung mit Ihrem Partner so oft wiederholen, wie Sie möchten, bevor Sie den nächsten Schritt machen. Wir empfehlen, wenigstens drei Mal die Position des „Senders" beziehungsweise des „Empfängers" zu wechseln.

Viele Menschen empfinden es bei der Partnerübung anfangs als hilfreich, mit den Händen Kontakt zu ihrem Gegenüber zu halten, …

…manchen genügt auch eine Verbindung über die Knie und Füße. (Fotos: Münchberg)

Übung: Nicht vorgegebene Farben senden und empfangen

Für diese Übung treffen Sie dieselben Vorbereitungen wie für die zuvor beschriebene: Störfaktoren eliminieren, Schutzschild aufbauen, sich erden, Kanal für die Verbindung herstellen. Der einzige und nicht gerade geringe Unterschied in dieser Übung liegt darin, dass zuvor keine Farbe abgesprochen wird. Der „Sender“ entscheidet allein, welche Farbe er dem „Empfänger“ übermitteln möchte. Allerdings empfehlen wir, auch für diese Übung mit den „einfachen“ Farben (Grün, Gelb, Blau, Rot) zu agieren. Das Schöne an dieser Partnerübung ist, dass Sie immer gleich ein Feedback bekommen. So können Sie beide sehr schnell herausfiltern, was tatsächlich übermittelt und was möglicherweise selbst mit eingebracht worden ist. Tauschen Sie auch für diese Übung ruhig mehrmals die Rollen. Wenn Sie sich beide sicher genug fühlen, können Sie auch mit den „schwierigeren“ Farben (Türkis, Violett, Flieder, Mint, Beige und so weiter) arbeiten. So können Sie die Schwierigkeitsstufe noch einmal erhöhen.

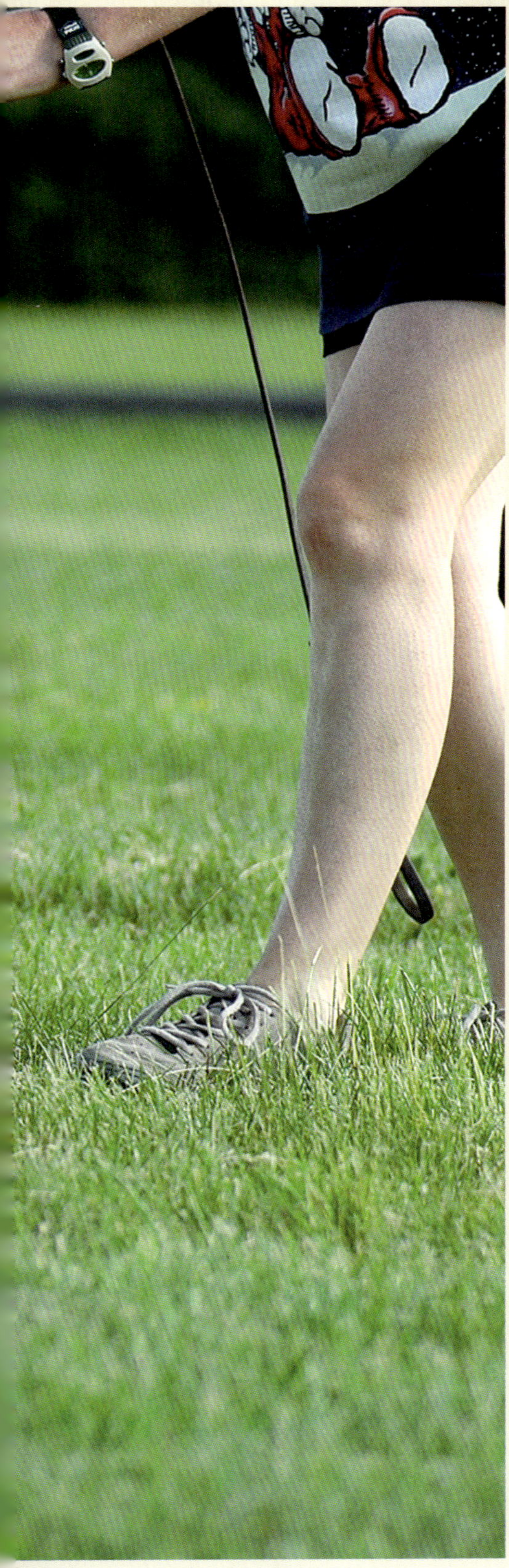

Wo kann Tierkommunikation hilfreich sein?

Telepathische Gespräche mit unseren Tiergefährten können in den verschiedensten Fällen nützlich sein, wobei jedoch alle Probleme individuell angegangen werden müssen. Normalerweise wird Ihnen das Tier eine mögliche Lösung oder einen Kompromiss für die jeweilige Problematik selbst mitteilen. Grundsätzlich jedoch sollte die Möglichkeit der Ursachenforschung genutzt werden. Dies gilt ganz besonders für Verhaltensauffälligkeiten sowie unerwünschtes Verhalten.

(Foto: Tierfotoagentur/Starick)

Warum tust du das?

Ein Fallbeispiel: Ein kleiner Cockerspanielrüde hat, ohne einen auf den ersten Blick ersichtlichen Grund, seine Besitzerin gebissen, als sie gerade einen Karton zerriss. Dieser Hund hatte bereits einige Besitzerwechsel erfahren und aus seiner Vergangenheit war nichts bekannt. Aus diesem Grund bat die Tierhalterin um ein telepathisches Gespräch zur Klärung der Ereignisse. Der Cockerspaniel gab an, aufgrund des Geräusches, das beim Zerreißen von Papier zu hören ist, an schlimme Erlebnisse aus seiner Vergangenheit erinnert zu werden. Das Schnappen nach seiner Besitzerin war eine Kurzschlussreaktion. In diesem Gespräch äußerte er den Wunsch, in Zukunft von diesem Missklang verschont zu bleiben. Er versprach, dass er dann seine Zähne unter Kontrolle behalten wolle. Mit diesem Kompromiss war auch die Eigentümerin des Hundes einverstanden. Beide Parteien haben sich an diese Abmachung gehalten und es gab bis heute keine vergleichbaren Vorfälle mehr.

Mithilfe der Tierkommunikation haben wir die Gelegenheit, die Sicht auf bestimmte Ereignisse oder Verhaltensmuster besser zu verstehen. Unsere Hunde wiederum erhalten die Möglichkeit, unseren Standpunkt erklärt zu bekommen. Damit können wir eventuelle Missverständnisse auflösen oder auch über unsere Ängste sprechen.

Es war auch schon mit Unterstützung der Tierkommunikation möglich, manchen Hunden das Hetzen von Wild auszureden. Natürlich darf man nicht vergessen, dass einige Hunderassen fast ausschließlich zur Jagd gezüchtet werden. In diesen Fällen dürfte es sich als schwierig erweisen, dem Hund das Nachsetzen bei Wildtieren abzugewöhnen. Es kann aber sein, dass auch ein Jagdhund Zugeständnisse macht und so ein akzeptabler Kompromiss zustande kommt.

Dazu noch ein Beispiel: Im Alter von vier Jahren begann die Hündin Kira aus heiterem Himmel, Rehwild nachzustellen. Auf die Frage, warum sie das plötzlich tue, sendete sie ein Gefühl von Spaß an der Jagd und Bilder, mit denen sie klarmachte, dass es Unstimmigkeiten in der häuslichen Rangordnung gab. Es wurde deutlich, dass ihre Besitzerin sich verändert hatte und ihr plötzlich keine klaren Grenzen mehr aufzeigte. In diesem Gespräch bat Kira ihr Frauchen darum, ihr in Zukunft wieder mehr Stabilität zu geben. Der Hündin wiederum wurde erklärt, wie gefährlich es sein kann, auf die Jagd zu gehen. Ihr wurde auch deutlich gemacht, dass sie bei gleichbleibendem Verhalten ein großes Stück ihrer Selbstständigkeit einbüßen würde. Diese Aussicht und das veränderte Verhalten der Hundehalterin erwirkten den gewünschten Effekt. Bis zum heutigen Tage verfolgt Kira kein Wild mehr.

Ein ehemaliger Straßenhund zeigte das unerwünschte Verhalten, Papiertaschentücher in großen Mengen aufzufressen. Mithilfe der Telepathie sollte die Ursache für diesen perversen Appetit herausgefunden werden. Der kleine Rüde gab an, dass er dieses Benehmen aus Gewohnheit zeige; denn auf der Straße gab es nie genug zu essen und die Tücher aus Papier eigneten sich aus seiner Sicht hervorragend zum Füllen des leeren Magens. Da es natürlich gesundheitsschädlich ist, Papier in so großen Mengen aufzunehmen, wurde dem Rüden erklärt, was es für Folgen haben könnte, wenn er dieses Betragen nicht abstellen würde. Da er in

Ein telepathisches Gespräch kann nicht nur bei konkreten Problemen helfen, sondern gibt dem Hund insgesamt Sicherheit, sodass sich die Beziehung zu den Besitzern oft deutlich verbessert. (Foto: Münchberg)

seinem neuen Zuhause ja keinen Hunger mehr leiden musste, sollte er diesen Teil seiner Lebensweise einfach ablegen können. Das Gespräch führte zum gewünschten Erfolg, Papiertücher sind seitdem vor ihm sicher.

Gern werden telepathische Gespräche zum allgemein besseren Verständnis oder zum Hinterfragen der Wünsche unserer Tiergefährten herangezogen, so auch bei der Chihuahua-Yorkie-Mix-Hündin Carla. Sie zeigte stets ein ausgeprägt

freudiges Verhalten, wenn sie auf Welpen traf. Frauchen und Herrchen überlegten nun, ob Carla damit den Wunsch zum Ausdruck bringen wollte, selbst einmal Mutter zu werden. So wurde um ein telepathisches Gespräch mit der Hündin gebeten. Carla bestätigte das Gefühl ihrer menschlichen Gefährten. Allerdings bat sie darum, den zukünftigen Vater der Welpen erst einmal kennenlernen zu dürfen, da es sich um einen Chihuahua handelte und sie selbst einen Yorkshireterrierrüden bevorzugte. Dieser Bitte kamen Herrchen und Frauchen umgehend nach, strichen den Chihuahuarüden sofort von ihrer Liste und kümmerten sich umgehend um einen Yorkierüden. Carlas Wunsch war ihnen Befehl.

Hast du Beschwerden?

Oftmals wird die Tierkommunikation auch zum Erspüren von Beschwerden eingesetzt: Während eines Gesprächs klagte ein Hund über Atemnot. Dem Besitzer wurde angeraten, diese Problematik bei der nächsten Routineuntersuchung abklären zu lassen. Es stellte sich heraus, dass der Rüde geringe Wasseransammlungen in der Lunge hatte. Diese konnten mit dem richtigen Medikament sehr schnell beseitigt werden.

Die telepathische Kommunikation eröffnet außerdem die Möglichkeit, ein Tier zu fragen, was seiner Meinung nach erfolgreich gegen seine Beschwerden eingesetzt werden könne. So können ausgebildete Therapeuten durchaus nutzbringende Therapievorschläge von einem Hund erhalten. Interessant dabei ist, dass die Tiere ihre Behandlungsansätze dem jeweiligen Fachgebiet des Tierbehandlers anpassen. Leider ist es heute noch immer etwas schwierig, dem Tierarzt oder auch dem Tierheilpraktiker die Informationsquelle kundzutun. Also agieren Sie bitte umsichtig, wenn Sie dem jeweiligen Therapeuten von den Beschwerden und Therapievorschlägen Ihres Hundes berichten. Er mag nicht nur ungläubig reagieren, sondern möglicherweise auch die weitere Diagnostik und Behandlung abbrechen.

Auch beim Aufspüren von entlaufenen oder vermissten Tieren kann die telepathische Kontaktaufnahme sehr hilfreich sein. Wenn es den Tieren möglich ist, den Weg nach Hause zurückzufinden, ist die mentale Kommunikation eine große Unterstützung. Allerdings gehört dies zu den schwierigsten Aufgaben für Tierkommunikatoren überhaupt. Ein Grund dafür mag sein, dass viele Tiere gar nicht gefunden werden möchten, dass sie eine Aufgabe übernommen haben, die eine andere Umgebung, ein anderes Zuhause mit sich bringt. Im schlimmsten Fall kann es sein, dass das Tier auch gar nicht mehr nach Hause zurückkommen kann – sei es, dass es eingefangen wurde, eine Verletzung erlitten hat, sodass es nicht mehr laufen kann, oder gar einem tödlichen Unfall zum Opfer gefallen ist. Zudem sollte berücksichtigt werden, dass Tiere in dieser Aufregung undeutlich oder auch fehlerhaft senden können und der Kommunikator ebenso wie das Tier unter Hochspannung stehen. Auch sollte nicht vergessen werden, dass Hunde über viele Kilometer hinweg die Anspannung ihres Halters telepathisch wahrnehmen können. Diese Tatsache kann die Angst und Unsicherheit des Tieres in einem solchen Fall noch verstärken. So ist es möglich, dass gesendete Informationen falsch entschlüsselt werden. Auch Bilder können spiegelverkehrt oder einfach verändert übermittelt werden. Bei Nervosität auf beiden Seiten können Lage- oder Richtungsbezeichnungen ungenügend interpretiert werden. An diese Aufgaben sollte man sich deshalb keinesfalls leichtfertig beziehungsweise erst als erfahrener Tierkommunikator heranwagen.

Erzähl mir von früher

Wenn der Hund schon mehrere Male die Besitzer gewechselt hat, besteht die Möglichkeit, das Tier nach seiner Vergangenheit zu befragen. So konnte schon das eine oder andere Trauma aufgelöst werden. Um das unerwünschte Verhalten zu verstehen,

Hunde mit einer dunklen Vergangenheit – zum Beispiel Streuner aus dem Süden – tragen ihre Vergangenheit oft als schwere psychische Last mit sich herum, was auch manche ihrer Verhaltensweisen bestimmt. (Foto: Tierfotoagentur/Tzimopulos)

Erst mit einem telepathischen Gespräch ließ sich klären, warum die Chihuahuahündin Emily plötzlich begann, die anderen Hunde des Haushalts zu drangsalieren. (Foto: Münchberg)

ist es sowieso unabdingbar, die Ursache dafür zu kennen. Nur wenn ich den Grund kenne, kann ich eine Reaktion verstehen und an der Situation etwas ändern – und sei es nur dadurch, dass ich Verständnis aufbringe. Durch solch ein telepathisches Gespräch konnte einer sehr ängstlichen Podenco-Mix-Hündin geholfen werden. Die Hündin Pina (siehe Foto auf Seite 43) erzählte aus ihrer Vergangenheit, wie sie von Männern getreten und geschlagen wurde. Aufgrund dieser Ereignisse fiel es ihr sehr schwer, Vertrauen aufzubauen und Nähe zuzulassen. So versteckte sie sich bevorzugt im Schlafzimmer ihres neuen Zuhauses und kam nur selten hervor. Wenn Besucher kamen, war sie fast gar nicht aus ihrer Isolation herauszulocken. Durch das Gespräch konnte Pina erklärt werden, dass ihr hier, in ihrem neuen Zuhause, niemand ein Leid zufügen würde und dass Herrchen und Frauchen schon recht traurig darüber waren, keine wirkliche Nähe zu ihr aufbauen, kaum Körperkontakt herstellen zu können. Ihr wurde erklärt, dass Vertrauen nur dann entstehen kann, wenn sie auch mitmacht und ihrerseits Vertrauen zeigt. Bereits direkt nach dem Gespräch kam Pina aus dem Schlafzimmer heraus und ließ sich streicheln. Von da an wurde es täglich besser. Heute ist Pina ein sehr aufmerksames, wachsames und unkompliziertes Familienmitglied.

Mit Unterstützung der Telepathie konnten schon einige Streitigkeiten zwischen Tieren bereinigt werden. So gab es beispielsweise Meinungsverschiedenheiten in einem Hunderudel, das sich aus einer Toy-Pudel-Hündin, einer Chihuahuahündin und einer Yorkshire-Mix-Hündin zusammensetzte. Von heute auf morgen begann die Chihuahuadame Emily, den Rest des Hundeverbandes zu drangsalieren. Sie schnappte plötzlich nach den anderen Rudelmitgliedern. Dieses Verhalten drückte so sehr auf die Stimmung der anderen Hundedamen, dass die Besitzerin mithilfe der Tierkommunikation die Auseinandersetzung auflösen wollte. Die Chihuahuahündin Emily erklärte, dass sie keine andere Möglichkeit sah, sich bei den zwei anderen durchzusetzen. Sie fühlte sich für das Rudel verantwortlich. Emily hatte das Gefühl, nicht ernst genommen zu werden, was ihrer eigenen Meinung nach auch an ihrer Körpergröße lag. Außerdem bat sie während des Gesprächs um mehr Raum und Freiheit für sich selbst. Diese Problematik wurde mit den beiden anderen Rudelmitgliedern besprochen, und die Toy-Pudel-Hündin Prudence erklärte sich bereit, den Konflikt durch Entlastung der überforderten Hündin aufzulösen. Sie wollten das in einem Dialog untereinander klären. Wenige Zeit später berichtete die Hundehalterin, dass es keine Diskrepanzen mehr unter den drei Mädels gab.

Ist die Zeit gekommen?

Ein weiterer wichtiger Aspekt kann die Sterbebegleitung mit Unterstützung der Telepathie sein. Man kann die Tiere nach ihren Wünschen fragen, zum Beispiel ob sie (tierärztliche) Hilfe benötigen, um den Weg über die Regenbogenbrücke zu beschreiten. Ein Gespräch kann den Weg ins Licht erleichtern und ihn so angenehm wie möglich gestalten. Es soll aber auch nicht verschwiegen werden, dass viele Tierseelen in ihrem Körper verweilen, weil der menschliche Wegbegleiter noch nicht zum Loslassen bereit ist. Dies führt häufig auch zu dem Wunsch, mit einem verstorbenen Tier Kontakt aufnehmen zu lassen. Unter gewissen Umständen kann so etwas sehr hilfreich sein. Allerdings ist immense Vorsicht bei diesen Bitten geboten.

Natürlich können durch diese Gespräche traumatische Ereignisse gelöst werden, zum Beispiel wenn das Tier durch einen Unfall das Leben verloren hat. Aber wir sehen es auch als unsere Pflicht an, darauf aufmerksam zu machen, dass man sich immer die Frage stellen muss: Wem wird durch dieses

Ein telepathisches Gespräch kann den Abschied von einem Hund, der über die Regenbogenbrücke gehen möchte, für beide Seiten sehr erleichtern. (Foto: Tierfotoagentur/Felgenhauer)

Gespräch tatsächlich geholfen? Nur in sehr wenigen Fällen ist es das Tier, das nicht loslassen kann, das noch etwas Wichtiges mitzuteilen hat. Doch ist es wirklich fair, nur um die eigene Trauer besser zu verarbeiten, eine frei gewordene Seele in eine Art Manifestation zu rufen, um mit ihr darüber zu sprechen? Sie halten mithilfe eines Mediums ja auch keinen Smalltalk mit einem menschlichen Familienmitglied, das gerade seine körperliche Hülle verlassen hat.

Gerade bei einem solch wichtigen Thema sollte das Für und Wider eines telepathischen Gesprächs sehr sorgfältig abgewogen werden. Es sollte genau geklärt werden, wem dieser Dialog Nutzen bringt, ob wirklich nur eine Tierkommunikation das Problem lösen kann. Nur ein geringer Prozentsatz erfüllt die Kriterien, um einen solchen Gesprächswunsch anzunehmen. Meistens ist eine Trauerbegleitung und Aufarbeitung mit dem Tierbesitzer die bessere Wahl. Zudem soll hier auch noch einmal mit Nachdruck betont werden, dass solche Gespräche grundsätzlich nur sehr erfahrenen Tierkommunikatoren vorbehalten bleiben sollten. Es bedarf sehr viel Übung, Erfahrung, Spiritualität, Erdung und auch Schutz, um mit verstorbenen Tieren Kontakt aufzunehmen.

Wünsche erfüllen und Grenzen aufzeigen

Bereits mit den ersten mentalen Gesprächen mit Ihrem Tier wird sich Ihre Beziehung positiv verändern. Sie werden wahrscheinlich viel mehr Verständnis für Ihren vierbeinigen Gefährten aufbringen. Allerdings kann es für manchen schwierig werden, die Tierkommunikation und das Wissen, das uns in der Hundeschule vermittelt worden ist, unter einen Hut zu bringen; denn unsere Hunde wünschen sich von Zeit zu Zeit Dinge, die wir nach Ansicht der Tierpsychologen nicht erlauben sollen. So wünschte sich beispielsweise eine Hündin, auf dem Sofa liegen zu dürfen. Ein anderes Tier äußerte den Wunsch, ein Stück Sahnetorte naschen zu dürfen. Es gibt für die Erfüllung solcher Wünsche keine richtige oder falsche Lösung, denn unsere Tiere sind individuell und auch entsprechend zu behandeln. Wenn Ihr Hund sehr dominant wirkt, sollten Sie genau abwägen, ob er erhöht liegen sollte. Bei einem Hund, der gut mit solchen Privilegien umgehen kann und nicht an der Rangordnung zweifelt, ist ein erhöhter Schlafplatz durchaus gestattet. Anders liegt die Sache bei dem Wunsch nach dem Stück Sahnetorte, das ist natürlich zu untersagen!

Es hängt auch vom individuellen Charakter des Hundes ab, ob man ihm seinen Wunsch erfüllen kann, wenn er gern auf dem Sofa liegen möchte. (Foto: Tierfotoagentur/Döring)

Zum Glück gibt es die Möglichkeit, mit unseren Tiergefährten über diese Wünsche zu sprechen. So können wir ihnen ganz einfach erklären, dass Kuchen für Hunde gesundheitsschädlich ist. Dadurch können wir gemeinsam mit unserem Hund einen Kompromiss oder eine Alternative finden. Es gibt viele Lösungsansätze, und für jede Mensch-Tier-Beziehung ist eine andere passend. Wenn Sie sich auf Ihr Bauchgefühl verlassen und dabei nicht gegen ethische Grundsätze verstoßen, befinden Sie sich meistens auf der sicheren Seite. Immer vorausgesetzt, Sie verfügen über Grundkenntnisse betreffend der artgerechten Hundehaltung und -erziehung. Wir hoffen, nicht extra betonen zu müssen, dass auch schon bei kleineren Verletzungen und Erkrankungen des Tieres grundsätzlich ein Fachmann aufzusuchen ist. Unterstützend kann in jedem Fall eine telepathische Kommunikation stattfinden.

Es ist ganz normal, gerade anfangs immer noch skeptisch zu sein, ob mentale Dialoge von Mensch zu Mensch und auch innerhalb verschiedener Spezies wirklich möglich sind. Aber wenn Sie Ihren Hund ansehen, wissen und fühlen Sie intuitiv, dass es diese Möglichkeit der Verbindung gibt. Also probieren Sie es einfach aus – zu verlieren haben Sie nichts! Dafür eröffnet sich Ihnen die Chance, tiefes gegenseitiges Verständnis und Vertrauen zu erfahren, eine neue Form der Harmonie und das stille Wissen darum, dass es doch mehr gibt, als wir oftmals glauben. Wie schon Franz Kafka sagte: „Wege entstehen dadurch, dass man sie geht.“

Übung: Einfühlen in ein Lieblingstier

Die direkteste Art der Kommunikation erfahren wir durch die Möglichkeit, uns in ein Tier hineinzuversetzen. Um Sie auf eine solch intime Verbindung vorzubereiten, ist die folgende Übung gedacht, in der Sie das Tier „werden“. Wählen Sie dafür ein Tier, das Sie nur flüchtig oder auch gar nicht kennen. Sie können beispielsweise das Tier vom

Nachbarn aussuchen – vorausgesetzt, Sie führen diesen Hund nicht aus, füttern nicht die Katze in Abwesenheit der Nachbarn oder haben sonst auf irgendeine Weise eine persönliche Bindung zu diesem Tier. Es darf sich dabei aber auch um ein imaginäres Tier handeln, zum Beispiel aus freier Wildbahn. Wenn Sie schon immer gern wissen wollten, was es für ein Gefühl ist, ein Vogel zu sein, dann visualisieren Sie ein solches Tier. Wichtig ist, dass Sie ein für Sie sympathisches Lebewesen auswählen, über das Sie bisher noch nichts Persönliches wissen.

➲ Schalten Sie alle möglichen Lärm- und Störfaktoren aus. Setzen Sie sich bequem hin und schließen Sie die Augen. Atmen Sie einige Male tief durch und begeben Sie sich in den Alphazustand.

➲ Nun visualisieren Sie das ausgewählte Tier und fragen es in Gedanken, ob Sie in seinen Körper schlüpfen dürfen. Bei einem „Nein" haben Sie diese Entscheidung unabdingbar zu akzeptieren. Dann müssen Sie sich ein anderes Tier aussuchen. Wenn Sie als Antwort ein „ Ja" erhalten, steht Ihrer Reise jedoch nichts mehr im Wege.

➲ Suchen Sie sich einen Weg aus, um den Tierkörper zu „betreten". Sie können beispielsweise durch sein Ohr schlüpfen oder durch das Kronenchakra im Kopf. Vielleicht finden Sie auch die Vorstellung angenehm, über den Rücken in den Tierkörper einzusteigen. Hier sind Ihrer Fantasie keine Grenzen gesetzt. Wichtig ist, dass Sie am Ende der Übung den fremden Körper auf demselben Weg verlassen, auf dem Sie ihn betreten haben.

➲ Im Körper des Tieres angekommen, können Sie nun ganz unglaubliche Erfahrungen sammeln. Zum Beispiel, wie sich die typische Fortbewegung dieser Tierart anfühlt. Wie ist es, auf allen vieren zu laufen oder durch die Luft zu fliegen? Aus welcher Perspektive nehmen Sie als Tier Ihre Umwelt wahr? Welche Interessen haben Sie als Tier? Wie fühlt es sich an, auf Ihrem Schlafplatz zu liegen? Was sehen oder hören Sie in diesem Körper? Womit beschäftigen Sie sich gern? Was ist Ihnen wichtig? Wie ist Ihr Verhältnis zu anderen Tieren? Wie sieht Ihre Umgebung aus? Wenn Sie sich ein Haustier ausgesucht haben: Wie sehen Sie die Menschen, mit denen Sie zusammenleben? Gibt es andere Tiere im Haus? Wie kommen Sie miteinander zurecht? Wie sieht Ihr Futternapf aus? Stellen Sie so viele Fragen, wie Sie möchten, und bleiben Sie so lange in diesem Körper, wie es für Sie und das Tier angenehm ist.

➲ Wenn Sie alles erkundet haben, verlassen Sie den Körper des Tieres wieder. Bedanken Sie sich bei dem Tier dafür, dass es Ihnen gestattet hat, sich mit Ihm zu verbinden, Sie auf seinem Weg mitzunehmen.

➲ Werden Sie sich nun wieder Ihres Atems bewusst und kommen Sie in Ihren eigenen, menschlichen Körper zurück. Kommen Sie dort in Ruhe mit Ihrem gesamten Bewusstsein an. Wenn Sie bereit sind, öffnen Sie die Augen.

Auch wenn es schwerfällt: Die Übung, sich in ein „Angst-Tier“ wie eine Schlange einzufühlen, ist enorm hilfreich. (Foto: Tierfotoagentur/Mielewczyk)

Übung: Einfühlen in ein „Angst-Tier“

Diese Übung gestaltet sich genauso wie die zuvor beschriebene. Allerdings „steigern“ wir sie nun, indem wir ein Tier auswählen, vor dem wir uns richtig ekeln oder möglicherweise sogar Angst haben. Viele Menschen denken dabei sofort an die Spinne – typisch sind aber auch Schlangen, Bienen und Wespen oder andere von uns häufig missverstandene Lebewesen. Genau darum geht es in dieser Übung: Wir lehnen ein Tier ab, ekeln oder ängstigen uns vor ihm, weil wir es nicht verstehen. Eine Spinne ist uns unheimlich, weil sie sich mit ihren acht Beinen sehr schnell fortbewegt. Uns umsurrende Insekten lösen in uns Angst aus angesichts der Gefahr, gestochen zu werden. Unverständnis für diese

Tierarten spielt dabei eine große Rolle. Wir können uns mit der Lebensweise dieser Tiere nicht anfreunden oder wir haben diese Angst von unseren Eltern „geerbt". Ein Kind, das in jungen Jahren ständig voller Panik von der Mutter von einer Spinne weggerissen worden ist, ist auf dieses Verhalten geprägt. Diese Angst ist nicht angeboren, sie ist kein Urin stinkt, sondern sie wurde anerzogen. Nach der Philosophie der telepathischen Tierkommunikation begegnet man jedoch jedem Lebewesen mit Respekt. Mit der nachfolgenden Übung möchten wir Ihnen helfen, diesen vermeintlichen „Angst-Tieren" Verständnis und Respekt entgegenzubringen. Sie werden dadurch vielleicht nicht die tatsächliche, eingeprägte Angst verlieren, aber Sie werden sie besser verstehen und aufgrund dessen möglicherweise Ihr Verhalten ändern. Zudem lernen Sie, über Ihren eigenen Schatten zu springen, Ihre Angst anzuerkennen und möglicherweise Blockaden aufzulösen – ein weiterer wichtiger Schritt, um zur telepathischen Tierkommunikation zu gelangen.

➲ Schließen Sie die Augen. Atmen Sie einige Male tief durch und begeben Sie sich in den Alphazustand.

➲ Nun visualisieren Sie das ausgewählte „Angst-Tier" und fragen es in Gedanken, ob Sie mental in seinen Körper schlüpfen dürfen. Ein „Nein" haben Sie selbstverständlich wieder zu akzeptieren und müssen ein anderes Tier aussuchen, das durchaus von der gleichen Gattung sein darf. Wenn Sie ein „Ja" als Antwort erhalten, steht dieser Reise nichts im Wege.

➲ Suchen Sie sich einen Weg aus, den Tierkörper zu „betreten" – die unterschiedlichen Möglichkeiten kennen Sie bereits. Wichtig ist auch bei dieser Übung, dass Sie abschließend den fremden Körper auf demselben Weg verlassen, auf dem Sie ihn betreten haben.

➲ Im Körper des Tieres angekommen, können Sie nun wieder unglaubliche Erfahrungen sammeln, zum Beispiel wie sich die typische Fortbewegung dieser Tierart anfühlt. Wie ist es, mit acht Beinen zu laufen, sich schlängelnd über den Boden zu bewegen oder zu fliegen? Wo halten Sie sich am liebsten auf? Welches sind Ihre Interessen? Woraus besteht Ihre Nahrung? Wo schlafen Sie? Wie und was sehen oder hören Sie in diesem Körper? Wie sieht Ihre Umgebung aus? Stellen Sie sich so viele Fragen, wie Sie möchten, und bleiben Sie so lange in diesem Körper, wie es für Sie und das Tier angenehm ist.

➲ Wenn Sie alles erkundet haben, verlassen Sie den Körper des Tieres wieder. Bedanken Sie sich bei dem Tier dafür, dass es Ihnen gestattet hat, sich mit Ihnen zu verbinden, Sie auf seinem Weg mitzunehmen.

➲ Werden Sie sich nun wieder Ihres Atems bewusst und kommen Sie in Ihren eigenen, menschlichen Körper zurück. Kommen Sie dort in Ruhe mit Ihrem gesamten Bewusstsein an. Wenn Sie bereit sind, öffnen Sie die Augen.

Verschiedene Wege, mit Hunden telepathisch zu kommunizieren

Wie Sie bereits feststellen konnten, gibt es unterschiedliche Möglichkeiten, wie wir von den Tieren unsere Antworten erhalten können: in Form von Bildern, Wörtern, Gefühlen und Empfindungen. Aber auch der Geruchs- und Geschmackssinn kann angesprochen werden. Auf welchem Weg Sie die Antworten übermittelt bekommen, hängt nicht von der bevorzugten Kommunikationsform des Hundes ab, sondern von Ihrer Aufnahmemöglichkeit. Die Erfahrung zeigt, dass die meisten Menschen mit einer Fähigkeit beginnen. Obwohl sich im Laufe der Zeit weitere kommunikative Formen einstellen werden, bleibt die zuerst aufgetretene fast immer auch die dominanteste. Es ist schwer zu sagen, in welcher Art und Weise Sie Ihre Antworten bekommen werden. Allerdings kann man festhalten, dass bei den meisten Menschen das „innere Sehen" der Beginn für diese wundervolle Art der Verständigung ist.

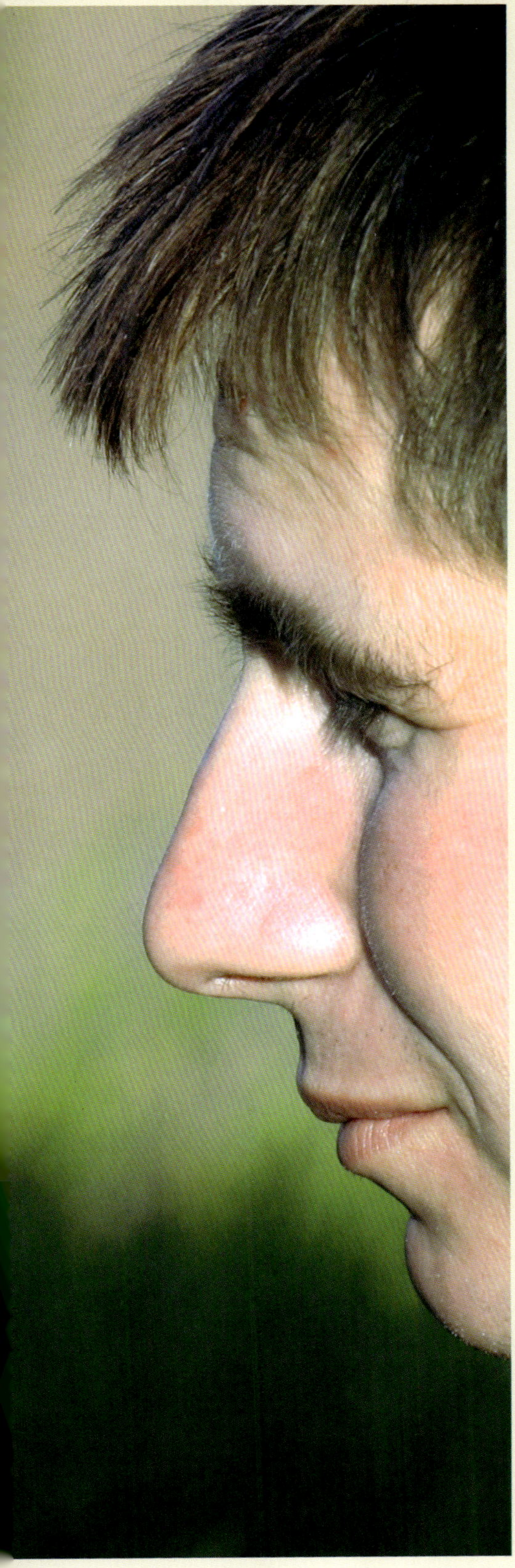

(Foto: Tierfotoagentur/Pietrulla)

Das (Hell-)Sehen

Obwohl wir im Alltag fast ausschließlich auf die verbale Kommunikation zurückgreifen, denken und sprechen wir eigentlich in Bildern. Eine kleine Übung soll dies verdeutlichen: Bitte denken Sie jetzt nicht an ein schwarzes Auto.

Was ist passiert? Genau in dem Moment, als Sie diesen Satz gelesen haben, haben Sie vor Ihrem inneren Auge ein schwarzes Auto gesehen. Anhand dieser Übung wird gleich zweierlei deutlich: erstens, dass Sie in Bildern denken, wenn auch häufig unbewusst und unbemerkt, da diese Bilder nur für den Bruchteil einer Sekunde aufblitzen und im Alltag untergehen. Zweitens hatten wir Sie gebeten, *nicht* an ein schwarzes Auto zu denken – was in Ihrem (Unter-)Bewusstsein jedoch nicht gewirkt hat. Das ist eine ganz wichtige Erkenntnis, die zeigt, wie behutsam man bei der Formulierung eines tierischen Dialoges vorgehen muss. Wenn Sie Ihrem Hund gedanklich übermitteln möchten, dass er ein bestimmtes Verhalten ablegen soll, können Sie sich nun vorstellen, was passiert, wenn Sie zu ihm sagen, er solle dies oder das nicht mehr machen. Auch bei Ihrem Hund wird das Wort „nicht" keinerlei Beachtung finden. Im Gegenteil: Ihr Hund wird genau das tun, worum Sie eigentlich gebeten haben, es zu unterlassen.

Das Problem an der Sache ist einerseits die Formulierung, die Sie gewählt haben, und des Weiteren Ihre bildliche Gedankenwelt. Denn noch während Sie die Bitte äußern, haben Sie fast automatisch vor Ihrem inneren Auge ein Bild mit der unerwünschten Situation. Ihr Hund ist sehr empfänglich für diese Bilder und wird genau das tun, was er sieht. Bevor Sie also eine Bitte, einen Wunsch oder das Unterlassen eines bestimmten Verhaltens äußern, überlegen Sie sich gründlich die Wahl der Formulierung, damit Sie nicht aufgrund eines „Formfehlers" an sich und Ihren Fähigkeiten zweifeln oder weitere Kommunikationsversuche beiseite schieben. Ausgeprägte Skeptiker mögen sich solche Dinge als Beweis dafür heranziehen, dass es telepathische Kommunikation nicht gibt – und übersehen, dass es sich hier um nichts anderes als einen Kommunikationsfehler handelt.

Obwohl das innere Sehen oder auch das „dritte Auge" eine uns angeborene Fähigkeit ist, müssen wir erst wieder lernen, damit umzugehen, sie zu trainieren. Auch hier trifft die Weisheit „Es ist noch kein Meister vom Himmel gefallen" zu.

Das (Hell-)Hören

Wie schon beim (Hell-)Sehen erläutert ist die Wahl Ihrer Formulierungen maßgeblich am Erfolg oder Misserfolg einer telepathischen Kommunikation beteiligt. Eine positive Wortwahl ergibt in den meisten Fällen auch ein positives Ergebnis. In den meisten Fällen? Ja, denn natürlich handelt es sich bei dieser Form der Kommunikation auch um ein Interagieren. Wenn Ihr Hund mit etwas für ihn ganz Wichtigem beschäftigt ist, wie zum Beispiel den Postboten zu verbellen, dann werden Ihre telepathischen Gedanken kaum zu ihm durchdringen. Da ist ein real ausgesprochenes „Aus!" wesentlich effektiver. Sollten Sie jedoch am Abend, wenn es im Haus ruhig ist, mit Ihrem

Sicherlich nicht der richtige Moment für ein Gespräch: Mitten im Spiel wird ein Hund nicht aufnahmefähig für Ihre Anfrage sein. (Foto: Tierfotoagentur/Schwerdtfeger)

Hund darüber sprechen, dass das Verbellen des Postboten reduziert werden sollte, dann hört Ihnen Ihr vierbeiniger Gefährte auch zu. So können Sie ihm beispielsweise erklären, dass Sie es sehr gut finden, wenn er seiner Aufgabe nachkommt und das Haus bewacht, dass es jedoch ausreichend ist, durch zwei oder drei Belllaute kurz Bescheid zu geben. Sie können auch eine Art „Deal" mit Ihrem Hund aushandeln, zum Beispiel dass er eine besonders leckere Belohnung bekommt, wenn er sich an das kurze Anschlagen hält. Mit diesem Kompromissvorschlag konnten wir schon einigen in Ekstase geratenen Dauerbellern diese Unart ausreden.

Wenn Sie zu denjenigen Menschen gehören, die die Antworten ihres Hundes eher hören als sehen, dann können Ihnen die „gesprochenen Worte“ in unterschiedlicher Weise erscheinen. Da Sie sienur in Ihrem Kopf wahrnehmen, mögen sie Ihnen manchmal wie eigene Gedanken vorkommen. Wenn Sie etwas denken, dann „hören“ Sie diese Wörter in Ihrem Kopf in Ihrer eigenen Stimme. Genauso können Sie auch die Botschaften Ihres Tieres wahrnehmen: in Ihrer eigenen Stimme. Das mag Ihnen am Anfang etwas schwierig erscheinen. Wie soll man denn so den Unterschied zwischen eigenen und „fremden“ Gedanken herausfinden? Glauben Sie uns, Sie werden diesen Unterschied ganz genau merken! Es fühlt und hört sich nicht nach Ihnen selbst an. So benutzen unsere Tiere häufig eine ganz eigene Wortwahl. Die Wortkombinationen, der Satzaufbau und die darin enthaltene Botschaft hat fast immer etwas Philosophisches und Weises an sich. Aber auch wenn Sie zu Beginn nur Wortfetzen aufschnappen, werden Sie spüren, dass diese nicht von Ihnen kommen. Durch die vorausgegangen „Farbübungen“ (siehe ab Seite 35) haben Sie bereits erste Erfahrungen gesammelt, um eigene und fremde Gedanken, Empfindungen und Bilder zu differenzieren. Durch die Kommunikation mit fremden Tieren werden Sie diese Wahrnehmung noch schärfen und so mehr Sicherheit erlangen.

Allerdings ist es auch möglich, dass Sie die Antworten in fremden Stimmen erhalten. Jedes Tier hat ebenso wie jeder Mensch eine eigene Stimmlage, ein individuelles Stimmbild – dann wissen Sie natürlich sofort, dass das nicht Ihr Gedanke ist. Leider kann Ihnen niemand vorhersagen, in welcher Stimme Sie die Botschaften der Tiere empfangen werden. Vielleicht bleibt diese Fähigkeit bei Ihnen zunächst auch verborgen, entwickelt sich erst im Laufe der Zeit oder tritt nie in Erscheinung. Die Erfahrung zeigt jedoch: Je mehr man mit seinen Möglichkeiten arbeitet, je mehr man übt, je mehr man sich öffnet und Dinge ohne Zweifel oder Fragen annimmt, umso größer ist die Wahrscheinlichkeit, auch mit allen Sinnen wahrzunehmen.

Das (Hell-)Fühlen

Diese Art der Wahrnehmung ist wirklich etwas ganz Besonderes. Beim (Hell-)Fühlen können ganz unterschiedliche Empfindungen entstehen und aufgenommen werden. So kann es sein, dass Sie während einer Kommunikation plötzlich Beschwerden wie beispielsweise Rückenschmerzen spüren. Diese werden Ihnen dann vom Tier übermittelt und vergehen, nachdem das Gespräch beendet wurde. Sollten die Beschwerden über mehrere Stunden oder gar Tage anhalten, dann sollten Sie unbedingt noch einmal Ihren Schutz überarbeiten. Denn bei entsprechendem Schutz, Erdung und Rückkehr in den Betazustand sollten diese unangenehmen Empfindungen recht schnell nach Gesprächsende verfliegen. Das Gleiche gilt für das Aufspüren von Beschwerden, indem Sie sich in das Tier einfühlen (siehe Übung „Einfühlen in ein Lieblingstier“, ab Seite 50).

Sie können aber auch einen Geruch und/oder einen Geschmack empfangen. Um diese Fähigkeiten zu schärfen, hat es sich als vorteilhaft erwiesen,

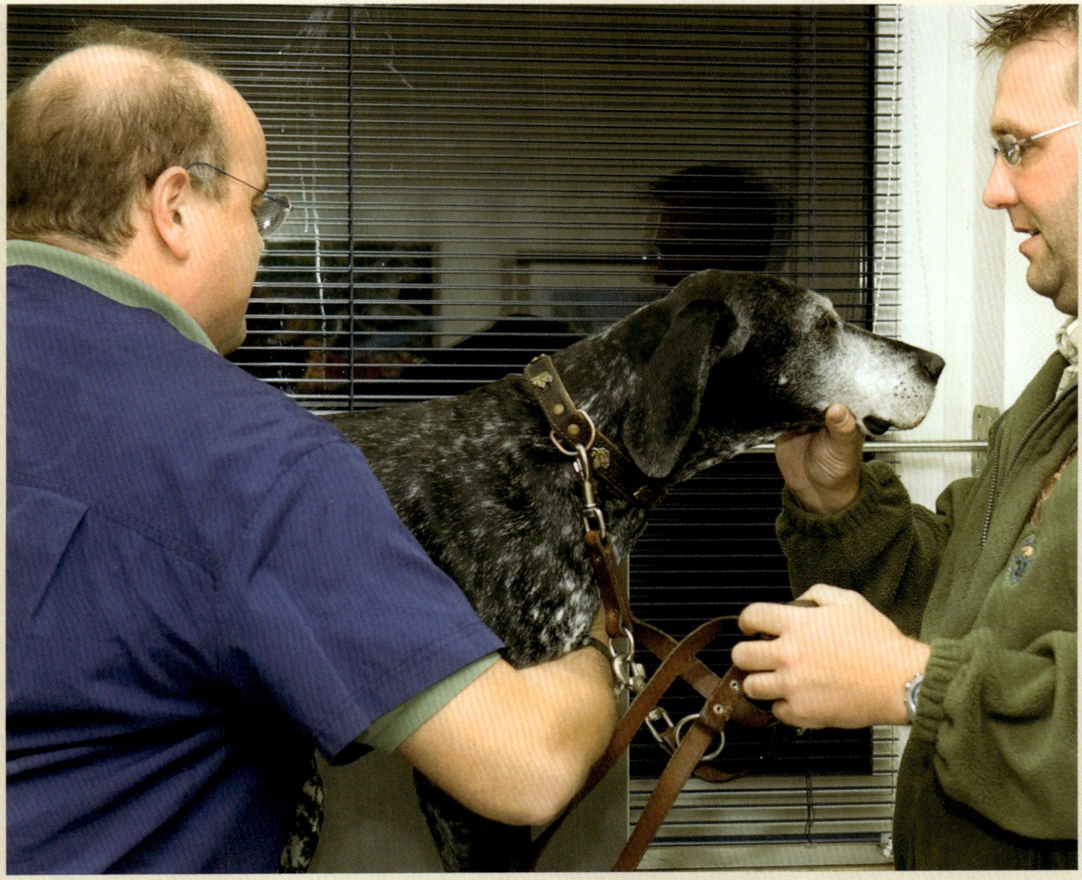

Wenn Ihre Stärke das (Hell-)Fühlen ist, werden Sie nicht selten einen am eigenen Körper gespürten Verdacht bei der tierärztlichen Untersuchung bestätigt sehen. (Foto: Tierfotoagentur/Becker)

einige Geruchs- und Geschmackstests durchzuführen. Dazu können Sie ganz reguläre Lebensmittel verwenden, zum Beispiel Salz, Zucker, Pfeffer und so weiter. So schmecken Sie die verschiedenen Geschmacksrichtungen noch einmal deutlich heraus und können Ihre Geschmacksknospen trainieren. Bei einer aufgeschnittenen Zitrone können Sie nicht nur die Säure schmecken, sondern sie auch riechen. Eine Erdbeere hat eine feinere Säure und, je nach Anbaugebiet und Sorte, eine milde Süße. Experimentieren Sie ruhig ein bisschen herum und beginnen Sie damit, Geschmack und Geruch wieder bewusst wahrzunehmen. Wie duftet Lavendel, wie ist die Würze von Thymian, wie der Geschmack von Zitronenmelisse? Wie ist die Konsistenz eines Brötchens oder der Schmelz von Schokolade? Je mehr Sie sich diese Dinge ins Bewusstsein rufen können, umso intensiver wird Ihr (hell-)fühlendes Erlebnis sein.

Natürlich ist es auch möglich, die Empfindungen Ihres Tieres selbst zu spüren. Angst, Nervosität, Unsicherheit, Freude und auch Trauer sind

Emotionen, die Sie während eines telepathischen Gesprächs empfangen können.

Obwohl durchaus als eigenständige „Empfindung" hervorzuheben, haben wir uns entschieden, den Bereich der „Empathien" (Einfühlungsvermögen) mit in diese Rubrik einzubringen. Im Grunde genommen handelt es sich hierbei um (Hell-)Wissen. So wissen Sie zum Beispiel, dass es Ihrem Hund nicht gut geht, wo er Schmerzen hat und wodurch diese ausgelöst werden. Dabei ist Ihnen weder ein traumatisches Ereignis noch ein spezielles Verhalten Ihres Hundes aufgefallen, das diese Schlussfolgerung zulässt. Trotzdem bestätigt sich diese „Annahme" bei der tierärztlichen Untersuchung.

Oder Sie vernehmen einen Schmerz im Handgelenk und kurze Zeit später beginnt Ihr Hund genau auf dem entsprechenden Bein zu lahmen. Aus unerklärlichen Gründen nehmen Sie einen anderen Weg zum Spazierengehen als gewöhnlich. Einige Tage später lesen Sie in der Lokalzeitung, dass es einen Wildunfall gegeben hat, genau an der Stelle, wo Sie zu diesem Zeitpunkt regulär mit Ihrem Hund entlanggegangen wären. Bei all diesen Beispielen handelt es sich um Ereignisse, die Sie einfach wissen, ohne eine „Vision" zu haben, ohne „den kleinen Mann im Ohr" zu hören oder ähnliche Dinge.

Wie bei allen telepathischen Fähigkeiten kann Ihnen auch hier niemand vorhersagen, ob und wann das (Hell-)Fühlen sich bei Ihnen einstellen wird. Bei einem sehr emotionalen Menschen wird diese Form des Empfangens möglicherweise dominanter oder früher auftreten als bei eher rational denkenden Personen. Doch auch hier zeigt die Praxis, dass stetiges Üben zum gewünschten Erfolg führen kann.

Übung: Achtsamkeitsreise

Durch die folgende Übung bauen Sie bereits eine erste zarte Brücke zu Ihrem Hund auf. Es handelt sich dabei zwar noch nicht um eine wahre telepathische Kommunikation, schärft aber Ihre Sinne, Ihre Empfindungen und Wahrnehmungen und bringt Sie der Tierkommunikation noch ein ganzes Stück näher.

➲ Begeben Sie sich für diese Übung an einen ruhigen Ort, an dem Sie für einige Zeit ungestört sein können. Es ist durchaus sinnvoll, wenn Sie sich in einem anderen Raum als Ihr Hund aufhalten.

➲ Setzen oder legen Sie sich bequem hin und schließen Sie die Augen. Atmen Sie einige Male tief ein und aus.

➲ Sobald Sie sich entspannt genug fühlen, machen Sie sich in Gedanken auf den Weg zu dem Ort, an dem sich Ihr Hund in diesem Moment aufhält.

➲ Stellen Sie sich vor, wie Ihr Hund Sie begrüßt. Läuft er auf Sie zu? Oder hebt er nur den Kopf? Hat er geschlafen, gestöbert oder ist er einem Schmetterling hinterhergelaufen?

Streicheln Sie Ihren Hund ganz bewusst und nehmen Sie wahr, wie er sich anfühlt.
(Foto: Tierfotoagentur/Schwerdtfeger)

➲ Betrachten Sie ausgiebig Ihre Umgebung. Wie sind die Lichtverhältnisse: Ist der Raum sonnendurchflutet oder eher schattig? Wie ist die Geräuschkulisse – eher laut, ruhig oder ist ein permanentes Geräusch zum Beispiel von einer Straße oder einem surrenden Kühlschrank zu hören? Wie sieht es in dem Raum aus? Oder, falls sich Ihr Hund draußen aufhalten sollte, wie sieht der Garten, das Grundstück aus? Wie fühlt sich das Gras unter Ihren Füßen an, wie duftet es? Hören Sie das Zirpen der Grillen oder das Zwitschern der Vögel? Was hören oder riechen Sie sonst noch?

➲ Wie fühlen Sie sich?

➲ Gehen Sie auf Ihren Hund zu und streicheln Sie ihn. Wie fühlt sich das Fell unter Ihren Fingern an? Ist es weich, drahtig oder fest, ist es kurz oder lang? Nehmen Sie den Geruch Ihres Hundes wahr und genießen Sie seine Körperwärme. Spüren Sie seine Atmung. Wie ist der Rhythmus: ruhig und entspannt oder leicht aufgeregt und hechelnd? Achten Sie auch darauf, wie Ihr Tier sich bewegt.

➲ Was für ein Gefühl ist es für Sie beide, auf dieser gedanklichen Ebene miteinander Zeit zu verbringen? Wie geht es Ihnen beiden dabei? Wie empfinden Sie in dieser Situation das Beisammensein? Wie reagiert Ihr Hund auf Sie und die Situation in dieser geistigen Verbundenheit?

➲ Schauen Sie sich im Anschluss Ihre Umgebung noch einmal genau an. Prägen Sie sich alles genau ein. Vielleicht fallen Ihnen nun Dinge auf, die Sie zuvor noch nicht bemerkt haben. Strahlt das Blau des Himmels leuchtender als zuvor? Oder die Rosen im Garten verströmen einen intensiveren Geruch? Das Parkett im Wohnzimmer fühlt sich unter Ihren Füßen wärmer an? Der Blick Ihres Hundes wirkt entspannter?

➲ Wenn Sie der Meinung sind, alles genau in sich aufgenommen zu haben, können Sie sich langsam wieder auf den Rückweg machen. Nehmen Sie denselben Weg zurück, den Sie gekommen sind. Spüren Sie jetzt Ihren Körper im Raum, atmen Sie einige Male tief durch und kommen Sie langsam wieder ins Hier und Jetzt zurück.

➲ Öffnen Sie die Augen.

Persönliche und ethische Grundsätze

Sie haben bereits einen sehr langen und manchmal auch steinigen Weg auf sich genommen, um an den Punkt zu gelangen, den Sie jetzt erreicht haben. Durch Ihre Offenheit, Ihren Willen und viele Übungen sind Sie von Ihrem eigentlichen Ziel nur noch wenige Schritte entfernt. Doch bevor Sie sich nun endgültig in das „Abenteuer Tierkommunikation" stürzen, bleibt es Ihnen nicht erspart, sich noch einige Grundsätze zu Herzen zu nehmen. Diese Voraussetzungen beziehen sich nicht ausschließlich auf Gespräche mit Ihren eigenen Tieren. Vielmehr haben wir auch an diejenigen unter Ihnen gedacht, die die telepathische Tierkommunikation vielleicht einmal professionell anbieten möchten.

Es gibt sowohl persönliche als auch ethische Voraussetzungen, die jeder gewissenhafte Tierkommunikator sich zu eigen machen sollte.

➲ Führen Sie grundsätzlich nur dann einen telepathischen Dialog, wenn Sie sich selbst rundum fit fühlen. Jede körperliche und/oder geistige Disharmonie kann zu verfälschten Ergebnissen führen. Das kann Ihre Glaubwürdigkeit infrage stellen (oder Sie selbst an sich zweifeln lassen), und auch dem Tier ist mit solch einem Ergebnis nicht wirklich geholfen.

➲ Nehmen Sie sich für jedes einzelne Gespräch Zeit. Tierkommunikationen „zwischen Tür und Angel" führen zum gleichen unrichtigen Ergebnis. Außerdem neigt man in solchen Situationen dazu, das Thema Schutz und Erdung zu vernachlässigen. Bitte bedenken Sie, dass Sie sich während dieser Gespräche im Alphazustand befinden, in einer anderen, nicht körperlichen Dimension. Sie setzen selbst Energien frei und ziehen auch Fremdenergien an. Diese müssen nicht grundsätzlich „gut" sein, worauf wir im Kapitel „Die Helfer in der Tierkommunikation" (siehe ab Seite 89) noch näher eingehen werden. Wichtig für Sie ist, diese Voraussetzungen zu berücksichtigen, da sie Ihrem persönlichen Schutz dienen.

➲ Vor und nach jedem telepathischen Kontakt sollten Sie Ihre Hände unter fließend kaltem Wasser reinigen. Auch diese Maßnahme dient dem Schutz vor negativen Energien, die sonst in ein Gespräch mit eingebracht oder mit hinaus genommen werden können.

➲ Sprechen Sie mit einem Tier nur dann, wenn es selbst Gesprächsbereitschaft zeigt. Auch unseren Tieren steht das Recht auf einen freien Willen zu, der respektiert und akzeptiert werden muss. Ihre erste Frage, nachdem Sie sich dem Tier vorgestellt haben, sollte immer heißen: „Hast du Lust und Zeit, mit mir zu sprechen?"

➲ Wenn Sie mit Tieren, die nicht Ihnen gehören, telepathischen Kontakt aufnehmen möchten, dann darf dies ausschließlich mit dem Einverständnis des Besitzers geschehen. Eine Kommunikation weckt in dem Tier die Hoffnung, dass sich an seiner momentanen Situation (häuslich, gesundheitlich, familiär und so weiter) etwas verändern wird. Ohne dass der Tierbesitzer mit seinem Einverständnis in gewissem Maße bereits seinen Willen zur Veränderung ausdrückt, wird sich nichts an der Situation verbessern. Somit würden Sie nicht wirklich dem Tier helfen, sondern lediglich Ihr Ego pflegen.

➲ Bitte vergewissern Sie sich, dass Sie Ihre Aufgabe als Tierkommunikator auch wirklich

Auch wenn Sie am liebsten mit Ihrem eigenen Hund beginnen würden: Empfehlenswerter ist es, die ersten Gespräche mit einem Hund zu führen, an den man emotional nicht so eng gebunden ist. (Foto: Tierfotoagentur/Starick)

verstanden haben. Sie stellen sich grundsätzlich nur als „Kanal", als eine Art Dolmetscher zur Verfügung. Dies bekommt besondere Bedeutung, wenn Sie mit Tieren sprechen, die nicht in Ihrem Haushalt leben. Alle im Gespräch (mit dem Tier und auch dem Tierhalter) erlangten Informationen sind vertraulich zu behandeln – ähnlich der ärztlichen Schweigepflicht.

➲ Die telepathische Tierkommunikation basiert auf tiefem Vertrauen. Der Hund kehrt sein Inneres nach außen, gewährt Ihnen tiefe Einblicke in seine Seele. Er wird mit Bitten und Wünschen an Sie herantreten. Es sollte grundsätzlich mindestens einer dieser Wünsche oder Bitten auch umgesetzt beziehungsweise erfüllt werden. Wenn dies nicht geschieht, kann es sein, dass der Hund keinen Grund für ein weiteres Gespräch mit Ihnen sieht.

➲ Wenn Sie sich bei einer Kommunikation unsicher sind oder für Sie nicht eindeutige Ergebnisse herauskommen, dann scheuen Sie sich bitte nicht, einen (weiteren) professionellen Tierdolmetscher hinzuzuziehen. Bitte machen Sie sich immer wieder bewusst, dass das Tier im Vordergrund zu stehen hat.

Es gibt also eine ganze Reihe von persönlichen und ethischen Grundsätzen – und jeder einzelne davon ist wichtig. Auch wenn es sich bei dieser Fähigkeit um ein Geburtsrecht eines jeden Menschen handelt, bitten wir Sie an dieser Stelle ausdrücklich darum, eine gewisse Demut für dieses „Geschenk" beizubehalten. Nehmen Sie es nicht als selbstverständlich hin. Bedenken Sie, wie lang und vielleicht auch hart Ihr Weg bis hierhin gewesen ist. Wege entstehen zwar dadurch, dass man sie geht; wenn man den Weg jedoch nicht wahrnimmt, verliert man sehr schnell die Bodenhaftung. Überflieger gibt es zwar immer wieder – das sagt aber nichts über die tatsächliche Qualität aus. Machen Sie sich immer wieder bewusst, dass Sie mit Ihrem Beitrag als Tierkommunikator (und auch, wenn Sie „nur" mit Ihren eigenen Tieren sprechen) mithelfen, die Welt für die Tiere ein Stück besser zu machen.

Nun noch ein paar persönliche Tipps: Es ist uns durchaus klar, dass die meisten von Ihnen sich dieses Buch gekauft haben, um mit dem eigenen Hund telepathisch sprechen zu können. Mit den Übungen und Anleitungen in diesem Buch sollte dem auch nichts mehr im Wege stehen. Trotzdem empfehlen wir, zunächst *nicht* mit dem eigenen Hund zu beginnen. Gerade zu Beginn ist man noch sehr von Zweifeln und Unsicherheit geplagt. Da Sie Ihr Tier bereits sehr gut kennen, bleibt häufig die Frage: „Kam das jetzt von meinem Hund oder doch von mir?" Aus diesem Grund hat es sich als lohnenswert herausgestellt, zunächst mit Hunden aus dem Freundes- und Bekanntenkreis zu beginnen, da Sie von diesen Tieren meist nicht so viel wissen. Zudem erhalten Sie sehr schnell ein Feedback des Tierbesitzers. Auch für Sie unlogische Antworten können so schnell einen Sinn ergeben, da der Tierhalter sehr oft den Zusammenhang erkennt, der sich dahinter verbirgt.

So erklärt sich auch, warum es sinnvoll ist, wirklich alles zu notieren, was bei Ihnen während eines Gesprächs auftaucht. Im Übrigen können Sie beim Tier nachfragen, wenn Sie wirklich eine Antwort erhalten, die Sie nicht verstehen. Für den Hund ist es in Ordnung, wenn Sie ihn um eine Erklärung bitten. Ein weiterer, nicht zu unterschätzender Aspekt ist, dass Sie zu dem ausgewählten Tier kein so enges emotionales Band aufgebaut haben wie zu Ihren eigenen. Nachdem Sie bis jetzt alle aufgeführten Übungen ausgeführt haben, sollten Sie diesen Tipp einfach als eine weitere, darauf aufbauende Übung betrachten.

Das Foto dient nur als „Kanal“ – so ist Tierkommunikation auch möglich, wenn der Gesprächspartner gar nicht körperlich anwesend ist. (Foto: Tierfotoagentur/Schwerdtfeger)

Telepathische Kommunikation per Foto

So erstaunlich es klingen mag: Man kann auch nur anhand eines Fotos mit einem Tier telepathischen Kontakt aufnehmen. Für viele Menschen ist dies so unvorstellbar, dass sie daraufhin die Tierkommunikation insgesamt infrage stellen. Mit dem Tier gemeinsam in einem Raum – ja, das können sie noch irgendwie „glauben“. Aber über viele Kilometer hinweg, nur mit einem Bild? Interessant daran ist, dass dieselben Personen mit großer Selbstverständlichkeit Radio hören oder mit Menschen telefonieren, die viele Kilometer entfernt sind.

Die Kontaktaufnahme per Foto ist letztendlich nicht anders, als das Radio einzuschalten und den Sender einzustellen oder die Rufnummer eines Telefonteilnehmers zu wählen. Das Foto des Tieres ist unsere Radiofrequenz beziehungsweise Telefonnummer – es dient lediglich der Kontaktaufnahme. Wir sprechen also nicht mit dem Bild, sondern mit dem Tier direkt.

Idealerweise sind auf dem Foto keine anderen Tiere oder Personen abgebildet. Jedes Lebewesen hat seine eigene Schwingung, auf die wir uns für ein telepathisches Gespräch einstellen müssen. Weitere Tiere oder Menschen könnten uns bei der Frequenzeinstellung behindern, verwirren und zu ungenauen oder unpassenden Antworten führen. Gerade für den Anfang ist es sinnvoll, mit Fotos zu arbeiten, auf denen die Augen zu sehen sind. Vielleicht kennen Sie den Spruch: „Die Augen sind der Spiegel unserer Seele." Aus diesem Grund verbinden sich viele gern über diesen Seelenspiegel mit dem Tier, wenn sie mit einem Foto arbeiten. Ansonsten verläuft ein telepathisches Gespräch mit dem Hund per Foto genauso, wie Sie es bei seiner unmittelbaren Anwesenheit machen würden:

- Schutz
- Erdung
- Kanäle öffnen
- Verbindung herstellen
- Fragen stellen
- Notizen machen
- sich für das Gespräch und das Vertrauen bedanken
- Verbindung beenden und ins Hier und Jetzt zurückkehren

Vorteilhaft bei dieser Form des mentalen Gesprächs ist, dass Sie bei einer Kommunikation per Foto nicht von dem, was das Tier tut, oder der Umgebung abgelenkt werden. Zudem können Sie selbst Ort und Zeit für die Kontaktaufnahme bestimmen. Allerdings müssen Sie sicherstellen, dass das Tier zum Zeitpunkt der Kontaktaufnahme nicht abgelenkt ist, also nicht gerade mit seinem menschlichen Gefährten spielt oder die Hundeschule besucht. In diesen Augenblicken ist der tierische Gesprächspartner bestimmt nicht „auf Empfang geschaltet". Ob man die daraus resultierende Terminabsprache mit dem Tierbesitzer bereits als Nachteil erachten möchte, bleibt jedem selbst überlassen. Als unvorteilhaft empfinden einige vielleicht auch, dass sie kein direktes Feedback vom Tier erhalten, seine Reaktion nicht mit den gewohnten Sinnen wahrnehmen. Trotzdem empfehlen wir Ihnen, auch diese Art der telepathischen Verständigung zu versuchen. Wer weiß – vielleicht entpuppt sich die telepathische Kontaktaufnahme per Foto für Sie als „Volltreffer".

Übung: Körperreise

➲ Setzen Sie sich bequem hin und schalten Sie alle möglichen Störquellen wie Telefon oder Türklingel aus.

➲ Schließen Sie die Augen und nehmen Sie bewusst den Kontakt zwischen Ihren Füßen und dem Fußboden wahr.

➲ Atmen Sie einige Male tief ein und aus.

➲ Prüfen Sie, ob Sie in Ihrem Körper Anspannungen wahrnehmen können.

➲ Lassen Sie die Anspannungen mit jedem Atemzug aus Ihrem Körper heraus.

➲ Prüfen Sie, ob Sie in Ihrem Körper Schmerzen wahrnehmen können. Merken Sie sich die eventuell vorhandenen Beschwerden in Ihrem Körper, um diese nicht mit denen Ihres Hundes zu verwechseln.

➲ Wenn Sie sich entspannt genug fühlen, lenken Sie Ihre Aufmerksamkeit auf Ihren Hund. Bauen Sie die Ihnen bereits bekannte telepathische Verbindung zu ihm auf und fragen Sie, ob Sie in seinen Körper „eintreten" dürfen. Für die Reise in den Körper Ihres tierischen Gefährten stellen Sie sich bitte etwas vor, das Sie ganz klein werden lässt. Das kann beispielsweise ein Mini-U-Boot oder -Flugzeug sein. Vielleicht gefällt Ihnen aber auch der Gedanke, als Elfe oder „Kameramann" den Körper Ihres Tieres zu erkunden. Ihrer Fantasie sind keine Grenzen gesetzt.

➲ Wenn Ihr Hund damit nicht einverstanden ist, wenden Sie sich zunächst anderen Aufgaben zu und versuchen es zu einem späteren Zeitpunkt erneut. Wenn Ihr vierbeiniger Freund Ihre Frage bejaht, dürfen Sie sich auf den Weg begeben.

➲ Beginnen Sie diese Körperreise durch das Kronenchakra (auf dem Mittelpunkt des Kopfes).

➲ Kommen Sie mit Ihrem ganzen Bewusstsein in dieser Körperregion an.

➲ Erst wenn Sie sich wohl und bereit fühlen, beginnen Sie mit der Wahrnehmung innerhalb des Körpers.

➲ Wie fühlen Sie sich in „Ihrer Haut"? Spüren Sie juckende oder gar entzündete Stellen? Fühlt sich „Ihr" Fell gepflegt an oder haben Sie eher das Gefühl, dass die Haut aufgrund kleinerer Verfilzungen nicht richtig atmen kann? Fühlen Sie sehr trockene oder eher fettige Hautstellen? Notieren Sie sich alles im Geiste, was Ihnen auffällt.

➲ Setzen Sie Ihre Reise im Kopf des Hundes fort. Wie sieht es hier aus? Haben Sie – als Hund – Probleme mit Kopfschmerzen? Wie ist Ihre Sehkraft: Sehen Sie deutlich und klar oder eher verschwommen? Wie fühlen sich die Ohren an? Können Sie gut hören? Nehmen Sie ein Jucken oder andere unangenehme Empfindungen wahr? Wie fühlen sich die Zähne und die Mundhöhle an? Sind die Zähne sauber oder mit Zahnstein belegt? Wie ist es damit, Nahrung zu zerkleinern? Schmerzt ein Zahn beim Kauen? Was können Sie riechen? Wie nehmen Sie die Düfte aus Ihrer Umgebung wahr? Können Sie gut ein- und ausatmen oder plagt Sie vielleicht ein Schnupfen?

➲ Reisen Sie nun weiter zur Kehle und zum Hals hinab. Was empfinden Sie, wenn Sie bellen müssen? Sind Sie heiser oder fällt es Ihnen leicht, laut anzuschlagen? Wie ist es, wenn Sie sich freuen? Was für Geräusche können Sie noch mit Ihren Stimmbändern machen? Wie fühlt es sich an, kühles Wasser zu trinken? Funktioniert das Schlucken einwandfrei oder spüren Sie dabei eine Behinderung?

➲ Setzen Sie Ihre Reise nun fort zu der Lunge Ihres Hundes. Wie fühlt es sich an zu atmen? Zirkuliert die Luft einwandfrei? Oder spüren Sie eine Einschränkung, sind die Bronchien vielleicht belegt? Nehmen Sie auch hier alles in Ihrem Bewusstsein auf, bevor Sie zum Herzen hin weiterreisen.

➲ Schlägt das Herz schnell oder langsam? Laut oder leise? Wirkt es größer, als es sein sollte? Wird es gut durchblutet? Welche Gefühle empfinden Sie? Sind Sie einsam? Fühlen Sie sich wohl? Notieren Sie im Geiste alle wahrgenommenen Empfindungen.

➲ Wandern Sie nun zum Magen Ihres Hundes. Wie sieht es dort aus? Sind noch Nahrungsreste im Magen? Haben Sie Hunger? Welches Futter schmeckt Ihnen besonders gut und welches ruft Verdauungsprobleme hervor? Haben Sie Probleme mit Übelkeit oder Sodbrennen?

➲ Gehen Sie weiter zum Darm. Gibt es hier irgendwelche Beschwerden oder funktioniert alles einwandfrei? Sehen die Schleimhäute schön rosig aus oder nehmen Sie eine Entzündung wahr? Passiert der Nahrungsbrei den Darm problemlos oder gibt es eine Behinderung? Wie sehen die Analdrüsen aus? Sind sie gefüllt oder gar entzündet, entleeren sie sich beim Kotabsatz?

➲ Schauen Sie sich nun auch die Harnblase an. Können Sie Unregelmäßigkeiten wie zum Beispiel Verwachsungen oder Vernarbungen wahrnehmen? Haben Sie das Gefühl, urinieren zu müssen, weil die Harnblase gefüllt ist, oder ist sie bereits entleert? Nehmen Sie Schmerzen oder Verzögerungen beim Urinieren wahr oder können Sie problemlos Wasser lassen?

➲ Wenn Sie sich alles genau angeschaut haben, nehmen Sie sich als Nächstes den Bewegungsapparat vor. Wie sieht die Wirbelsäule aus? Ist sie gerade oder gibt es dort eine seitliche Ausbiegung? Sehen alle Wirbel und deren Struktur gleich aus? Können Sie an einem Wirbelkörper vielleicht Schmerzen spüren? Was empfinden Sie beim Wedeln mit

Es kann sehr hilfreich sein, alle Informationen zu notieren, um sie bei späteren Übungswiederholungen vergleichen zu können. (Foto: Tierfotoagentur/Schwerdtfeger)

der Rute oder wenn Sie sich hinsetzen? Sind Sie bei allen Bewegungen (Laufen, Liegen, Rennen, Drehungen) beschwerdefrei?

➲ Gehen Sie nun langsam das linke Vorderbein hinunter. Schauen Sie sich als Erstes die Zehen an. Wie sehen sie aus? Sind die Krallen kurz genug oder stören sie bei Bewegungen? Haben Sie Schmerzen in der Pfote oder ist sie frei beweglich? Setzen Sie die Reise über den Unterschenkel zum Ellenbogen fort. Sind diese Gelenke frei beweglich? Wie fühlen sich die Muskeln an? Spüren Sie Verhärtungen oder Verspannungen? Gibt es Probleme mit den Knochen? Sind die Sehnen und Bänder stabil und elastisch? Wie fühlt es sich an, wenn Sie mit dem Bein laufen oder springen?

➲ Führen Sie diese Reise nach den gleichen Aspekten auch im rechten Vorderbein und in den beiden Hinterläufen fort. Wie sehen dort die Hüftpfannen und Gelenke aus? Fühlen Sie eine Steifheit oder zu viel Spielraum in diesen Gelenken?

➲ Wenn Sie sich alles angesehen haben, nehmen Sie den gleichen Weg zurück, um wieder in Ihren eigenen Körper zu gelangen. Achten Sie darauf, dass Sie mit Ihrem gesamten Bewusstsein in Ihren Körper zurückkehren. Atmen Sie noch einige Male tief ein und aus, lösen Sie die telepathische Verbindung zu Ihrem Hund, bevor Sie die Augen öffnen. Nehmen Sie sich noch einen Moment Zeit, um die gesammelten Eindrücke zu verarbeiten.

Wenn Sie möchten, können Sie die gemachten Erfahrungen gern in einem Heft notieren. So haben Sie die Möglichkeit, die Ergebnisse bei einer erneuten Körperreise zu vergleichen. Das kann sehr hilfreich sein, zum Beispiel um bereits diagnostizierte Erkrankungen und deren Therapieverlauf zu beobachten. In diesem Zusammenhang bietet Ihnen die Reise in den Körper Ihres Tieres auch noch einen weiteren Ansatzpunkt. Wenn es für Sie „stimmig“ erscheint, dann können Sie diese Erkundungstour auch wunderbar gleichzeitig als eine Art Therapie verwenden.

Ein Beispiel soll das verdeutlichen: Aufgrund einer tierärztlich gestellten Diagnose wissen Sie um gesundheitliche Probleme im Bewegungsapparat. Durch Röntgenaufnahmen ist Ihnen ein knöcherner Zuwachs der Dornfortsätze (Spondylose) an einigen Lendenwirbeln bekannt. Somit wissen Sie also schon einmal, um welches Problem es sich handelt und wo es zu lokalisieren ist. Während Ihrer Reise durch den Körper Ihres Hundes gelangen Sie natürlich auch an die besagte Stelle. Sie haben nun die Möglichkeit, das Ausmaß der Erkrankung genau zu betrachten und dann Ihren Weg einfach weiter fortzusetzen. Sie können aber auch den Moment nutzen und selbst versuchen, etwas zu unternehmen. Da Sie Ihre Reise ja als eine Art „Winzling“ angetreten haben, ist es Ihnen auch möglich, jede noch so kleine Ecke des Körpers zu erreichen. Wie wäre es, wenn Sie ganz dicht an die Lendenwirbel herantreten und beginnen, daran zu arbeiten? Irgendetwas, das Ihnen dienlich erscheint, um diese knöcherne Zunahme abzutragen. Vielleicht sind Sie praktisch veranlagt und handwerklich geschickt. Dann holen Sie doch etwas Schleifpapier hervor und schleifen damit die knöchernen Zuwächse ab. Wenn Sie eher künstlerisch kreativ sind, dann stellen Sie sich vor, dass die Dornfortsätze aus weichem Gips bestehen, und modellieren diese dann in Form. Auch hier dürfen Sie Ihrer Fantasie wieder freien Lauf lassen. Selbstverständlich handelt es sich hierbei nur um einen Vorschlag. Wie gesagt, Sie können Ihrer Reiseroute auch einfach weiter folgen …

Telepathisch kommunizieren mit dem eigenen Hund

Obwohl die meisten von uns mit der telepathischen Tierkommunikation beginnen, weil sie den eigenen Hund noch besser verstehen möchten, ist gerade dieser Bereich besonders schwierig. Die Zweifel darüber, was von uns selbst und was von unserem vierbeinigen Gefährten kommt, sind bei den eigenen Tieren am größten, weil wir so viel von ihnen wissen, ihre Vorlieben und „Macken" kennen und uns manche Antwort deshalb so vorkommt, als sei sie aus unserem eigenen Wissen geschöpft und nicht eine Auskunft unseres Hundes. Anhand vorangegangener Übungen wird Ihnen aber auch bei diesen Gesprächspartnern schon bald klar werden, dass die Antworten nicht von Ihnen selbst stammen. Sie werden es „fühlen", einfach „wissen" und deutlich „hören".

(Foto: Tierfotoagentur/Richter)

Bestimmte Rassen müssen ihren Hütetrieb ausleben können, um ihre Aufgabe im Leben zu finden. (Foto: Tierfotoagentur/Fischer)

Lebensaufgaben bieten

Genauso wie wir Menschen in unserem Leben gern wissen möchten, welche Rolle wir spielen oder welche Position wir innehaben, wünschen sich auch unsere Tiere eine Aufgabe. Die meisten Hunde kennen ihren ursprünglich angezüchteten Einsatzbereich (Hüten, Jagen, Wachen, Treiben und so weiter). Doch wie viele unserer Tiere können und dürfen diesen Bestimmungen nachgehen? Im modernen Haushalt ist es zum Beispiel für einen Bearded Collie schwierig, eine Herde zu finden, die seinen Hütetrieb inklusive dem Zwicken in die Hacken toleriert. Ein Pudel, der ursprünglich für die Jagd im Wasser gezüchtet wurde, findet heute oft nur bei Senioren ein Zuhause. Wie groß ist die Wahrscheinlichkeit, dass dieser Hund jemals in einen See zum Entenjagen eintauchen darf? Viele Terrierrassen werden aufgrund ihrer „handlichen" Größe immer beliebter. Ob diese Hunde jemals der Jagd nachgehen dürfen, wofür sie ursprünglich gezüchtet wurden?

Die Liste ließe sich lange weiterführen, immer mit dem gleichen Resultat: Kaum einer unserer Hunde kann heute noch seiner ihm ursprünglich zugedachten Aufgabe nachkommen. Daraus entstehen viele der sogenannten Verhaltensauffälligkeiten, da es den Hunden an einer Ersatzbeschäftigung mangelt. Das Wichtigste für Sie sollte somit sein, Ihrem Hund eine Aufgabe zu geben beziehungsweise diejenige anzuerkennen, die er sich selbst ausgesucht hat. Das kann das Bewachen von Haus und Hof sein, das Aufpassen auf die Kinder, wenn sie spielen, oder auch auf andere Tiere des Haushalts. Vielleicht ernennen Sie Ihren vierbeinigen Freund zum offiziellen Begrüßungskomitee. Auch als Gesellschafter für ältere Familienmitglieder können viele Tiere ihr Herz erwärmen. Oder wie wäre es mit der Aufgabe, das Haus mit Lachen und Freude zu erfüllen? Egal, welche Aufgabe Sie Ihrem Tier übertragen, sie sollte natürlich immer den Ambitionen und der Persönlichkeit Ihres Hundes entsprechen und sie sollte von ihm gern übernommen werden. Bieten Sie ihm eine Rolle an, die den Talenten und besonderen Fähigkeiten Ihres Hundes entspricht.

Gerade wenn mehrere Tiere in Ihrem Haushalt leben, ist es besonders wichtig, jedem eine ganz eigene Rolle zuzuweisen. Wenn Sie bereits zwei Hunde haben und ein dritter bei Ihnen ein Zuhause finden soll, dann könnte es passieren, dass Ihnen der Neuankömmling sagt: „Was soll ich denn hier noch machen? Mir scheint, dass bereits alle Aufgaben vergeben sind!“ In diesem Fall liegt es an Ihnen, eine neue Rolle für diesen Hund zu finden. Das könnte zum Beispiel sein: „Deine Aufgabe ist es, auf die anderen beiden aufzupassen und sie zu unterstützen.“ Oder aber, wenn Sie ein sehr großes Grundstück haben, dem neuen Tier einen bestimmten Gartenabschnitt zum Bewachen zuzuweisen. Ob bei einem oder mehreren Tieren – lassen Sie Ihrer Fantasie freien Lauf.

Vergessen Sie nicht, sich täglich – bei mehreren im Haushalt lebenden Tieren individuell – zu bedanken. Sagen Sie Ihrem Hund, wie stolz Sie auf ihn sind, dass er seinen Job so toll erledigt. Sie werden merken, dass allein das Übertragen einer Aufgabe Ihr Zusammenleben um so vieles bereichern und angenehmer werden lassen kann. Schon dadurch können viele Konflikte und unerwünschte Verhaltensformen aufgelöst werden.

Verhaltensprobleme verstehen und Lösungen finden

Die Gründe, warum ein Hund ein ungewöhnliches Verhalten zeigt, sind vielfältiger Natur. Zunächst sollten Sie einen Tierarzt aufsuchen, um körperliche Probleme ausschließen zu können. Beschwerden und/oder Schmerzen können bei Ihrem Tier ungewöhnliches Betragen, Aggression oder auch destruktives Verhalten auslösen. Können rein körperliche Ursachen ausgeschlossen werden, dann handelt es sich höchstwahrscheinlich um eine emotionale Disharmonie. Unsere Tiere sind gefühlvolle Lebewesen und reagieren ähnlich wie wir auf Ereignisse, Erfahrungen und auch auf die Umgebung individuell verschieden – aufgrund von Angst, Unsicherheit, Misshandlungen oder auch einfach der Tatsache, dass das Tier nicht weiß, was Sie von ihm möchten – Vernachlässigung und ein

Mangel an Aufmerksamkeit können Depressionen verursachen. Wenn mehrere Tiere in einem Haushalt leben, können Konkurrenz und Revieransprüche stressbedingte Probleme hervorrufen. Auch Konflikte und Veränderungen innerhalb der Familie gehen an unseren Tieren nicht spurlos vorbei. All diese Dinge können bei unseren Hunden zu ganz unterschiedlichen Verhaltensauffälligkeiten führen. Doch ob Ihr Hund nun plötzlich anfängt, die Blumen im Garten auszubuddeln, einen guten Freund der Familie anknurrt oder sich komplett zurückzieht: Die Vorgehensweise besteht immer darin, herauszufinden, wo das Problem liegt und wie man es lösen kann.

Es macht wenig Sinn, mit dem Tier genau in dem Moment darüber sprechen zu wollen, wenn es gerade das unerwünschte Verhalten zeigt. Wir selbst sind in diesen Situationen häufig verärgert oder gar

Der Hund fängt plötzlich an, den Garten umzubuddeln? In einem Gespräch kann man schnell die Ursache klären und Lösungswege entwickeln, damit das unerwünschte Verhalten aufhört. (Foto: Tierfotoagentur/Schwerdtfeger)

wütend. Das ist natürlich keine Basis für ein konstruktives Gespräch. Warten Sie also einen ruhigen, entspannten Moment ab, und stellen Sie sich bei der Frage „Warum benimmst du dich so?“ ganz deutlich das Bild des unerwünschten Verhaltens vor. So können Missverständnisse gleich im Vorfeld ausgeräumt werden.

Andere Fragestellungen könnten lauten:

– „Bitte sag mir, ob du ein körperliches, seelisches oder emotionales Problem hast.“

– „Was könnte helfen, um dieses Verhalten zu ändern?“

– „Was kann ich tun, um die Situation zu verbessern?“

Sie werden staunen, wie einfach sich damit ernste und auch bereits lange bestehende Probleme lösen lassen.

Viele Menschen wissen gar nicht, wie sehr uns unsere Tiere gefallen wollen. Aus diesem Grund ist die einfachste Lösung auch fast immer die effektivste. Verdeutlichen Sie Ihrem Hund in dem Gespräch, wie Sie über das unerwünschte Verhalten denken. Wie traurig, frustriert oder auch wütend es Sie macht. Die meisten Tiere ändern aufgrund dessen ihr Verhalten oder versuchen es zumindest. Nun denken Sie vielleicht, dass Ihr Hund doch auch so merken muss, dass Sie sein Verhalten missbilligen. In diesem Fall sollten Sie noch einmal ein paar Zeilen zurückgehen. Nur wenn Sie ruhig, freundlich und entspannt sind, hat ein solches Gespräch eine vernünftige Basis.

In einigen Fällen kann es aber auch sein, dass es vielleicht mehrerer Versuche bedarf, um eine langfristige Angewohnheit abzustellen. Wenn sich nicht unmittelbar der Erfolg einstellt, dann zweifeln Sie weder an sich noch an Ihren Fähigkeiten oder glauben, dass Sie Ihren Standpunkt nicht deutlich genug vermitteln konnten. Auch unsere Tiere brauchen manchmal etwas länger, um von einer schlechten Angewohnheit loszukommen. Es ist ganz ähnlich wie bei uns Menschen, die versuchen, von Süchten wegzukommen. Wir müssen dem Tier die gleiche Geduld zugestehen, die wir für uns so gern in Anspruch nehmen. So werden Sie das Gespräch einige Male wiederholen müssen – so lange, bis Ihr Tier die ganzen Informationen aufgenommen und Zeit zum Umsetzen gehabt hat. Mit den vorherigen Fragen werden Sie die Ursache für das Problem erkennen und dadurch eine Lösung finden, die Ihnen das Tier normalerweise selbst mitteilt. Dann liegt es nur noch an Ihrem Verständnis und Ihrer Geduld, damit sich ein harmonisches Zusammenleben wieder einstellen kann.

Mit dem Hund umziehen

Ein Umzug ist schon für uns Menschen mit massiver Anspannung und Anstrengung verbunden. Der Wohnortwechsel bringt Unordnung, Aufbruchstimmung und auch ein Gefühl, etwas Vertrautes zurücklassen zu müssen. Auch für unseren Hund stehen viele Veränderungen an: Sie sind oft traurig, wenn sie Freunde aus der alten Nachbarschaft verlieren. Sie müssen sich mit neuen Geräuschen, Gerüchen und einem veränderten Umfeld arrangieren. Zudem werden viele Tiere während der Umzugsphase vernachlässigt. Unser Kopf ist voll mit Planung und Organisation, wir packen Kisten und das Durcheinander sorgt für zusätzliche Anspannung.

Ein Umzug ist für alle Beteiligten – auch für den Hund – eine enorme emotionale Belastung. Klärende Gespräche können die schwierige Situation deutlich entspannen. (Foto: Tierfotoagentur/Hutfluss)

Wenn Sie einen Umzug planen, ist es ungeheuer wichtig, dass Sie in dieser Situation mit Ihrem Tier kommunizieren. Beziehen Sie Ihren Hund in den Prozess ein, klären Sie ihn über jedes kleine Detail auf, das ihn betreffen könnte. Sagen Sie ihm, wann der Umzug stattfindet. Im Gegensatz zur allgemeinen Meinung haben Tiere sehr wohl einen Zeitbegriff. Erklären Sie Ihrem Hund, dass die gepackten Kisten zum neuen Wohnort gebracht werden. Falls Sie Ihren Hund während der „heißen Phase“ in eine Pension oder bei Freunden unterbringen wollen, erklären Sie es ihm. Sagen Sie Ihrem Hund, dass er während des Umzugs an einem sicheren Ort untergebracht wird, und auch, wann Sie ihn dort wieder abholen. Übermitteln Sie Ihrem Tier anhand bildlicher Vorstellung, wie das neue Zuhause von innen und außen aussehen wird. Zeigen Sie ihm im Geiste jedes einzelne Zimmer, den Garten mit den Bäumen, Blumen, der Wiese und dem Zaun. Wenn möglich, können Sie Ihren vierbeinigen Freund natürlich schon zu einem Besichtigungsbesuch mit in das neue Zuhause nehmen. Erklären Sie Ihrem Hund die Vorteile des Umzugs, wie das neue Heim sein Leben verbessern wird, zum Beispiel wenn Sie einen größeren Garten haben oder vom dritten Stock ins Erdgeschoss wechseln. Zeigen Sie Ihrem Tier, wie es reisen wird: im Auto, in einer Transportbox, im Zug oder sogar in einem Flugzeug. Teilen Sie ihm mit, wie lange die Reise dauern wird. Auch hier kann Ihre bildliche Vorstellung hilfreich sein, um Ihrem Hund den Ablauf Schritt für Schritt zu zeigen. Und natürlich sollten Sie Ihren Hund fragen, wie er über den Umzug denkt. Vielleicht hat er ein Anliegen, bei dem Sie ihm helfen können, soweit es Ihnen möglich ist.

In den meisten Fällen wird Ihr Tier Ihre freudige Aufregung teilen. Aber es gibt auch einige wenige Fälle, in denen das Tier diesen Umzug nicht möchte. Es gibt kein Patentrezept für diese Ausnahmesituationen. Es sollte unser Bestreben sein, die Wünsche des Tieres umzusetzen beziehungsweise einen Kompromiss zu finden, soweit es die eigenen Möglichkeiten zulassen. Aber wie gesagt, dass sind wirklich Ausnahmen.

Obwohl Sie bei einem Umzug an sehr viele Dinge zu denken haben, sollten Sie sich Zeit für Ihren vierbeinigen Gefährten nehmen. Vor, während und auch nach dem Umzug sind tägliche Kommunikationen sehr sinnvoll. Darüber vermitteln Sie Ihrem Hund das Gefühl der Geborgenheit, der Sicherheit, spenden Trost und Zuversicht. Nehmen Sie sich die Zeit, sich die Sorgen anzuhören. Einem schönen Zusammenleben im neuen Heim sollte dann nichts mehr im Wege stehen.

Kranke und verletzte Hunde

Trotz bester und liebevoller Fürsorge können Sie mit einer Erkrankung oder auch mit einem Unfall Ihres Tieres konfrontiert werden. Das ist eine gute Möglichkeit, die telepathische Kommunikation sinnvoll einzusetzen. Über die Telepathie können Sie wichtige Anhaltspunkte zum körperlichen und auch seelischen Befinden Ihres Hundes in Erfahrung bringen und ihm dadurch noch effektiver helfen.

Formulieren Sie die Fragen an Ihr Tier ganz präzise, um so viele Details wie möglich in Erfahrung zu bringen:

– Wie fühlst du dich körperlich?
– Wie fühlst du dich seelisch?
– Hast du Beschwerden oder Schmerzen?

Wenn Ihr Hund Ihnen berichtet, dass er von Beschwerden und/oder Schmerzen geplagt wird, dann fragen Sie, wo genau er diese verspürt. Am Bewegungsapparat? Wenn ja, wo genau: im Hals-, Brust- oder Lendenwirbelbereich? Sind es die Vorder- oder Hinterläufe? Sind es die Gelenke, Sehnen und Bänder oder ist es doch eher ein muskuläres Problem? Ist die Erkrankung organbezogen, dann fragen Sie gezielt, um welches Organ es sich handelt. Erfragen Sie auch genauere Details zu den geäußerten Schmerzen:
– Wie heftig ist der Schmerz?
– Ist der Schmerz ständig zu spüren oder wann und wie oft taucht er auf?
– Wie äußert sich der Schmerz: Ist er brennend, stechend, ziehend oder drückend?

Sie können die Antworten Ihres Tieres auf unterschiedliche Art und Weise empfangen. So kann Ihnen Ihr Hund erzählen, was Sie wissen möchten, oder es Ihnen auch zeigen. Es ist möglich, dass Sie ein Bild empfangen, auf dem ein bestimmter Körperteil zu sehen beziehungsweise fokussiert ist. Wenn Sie ausschließlich Bilder empfangen, ist es schwierig, die Intensität der Beschwerden zu bestimmen. Dann bitten Sie Ihren Hund, diese mit einer Skala von eins bis zehn zu bewerten. Wobei die Eins für minimale und die Zehn für ganz massive, kaum noch zu ertragende Schmerzen steht. Diese Angaben kann Ihnen Ihr Hund dann auch als Bild übermitteln.

Es ist aber auch möglich, dass Sie die gleichen Beschwerden an Ihrem eigenen Körper spüren. Wie bereits erwähnt, vergehen diese dann aber auch wieder recht schnell. Vielleicht gestattet Ihnen Ihr Hund aber auch, in dieser Situation in seinen Körper zu schlüpfen (siehe Übung „Körperreise“ auf Seite 68). Auch darüber können Sie wertvolle Angaben erhalten.

Bitte bedenken Sie auch bei diesem Dialog, mit Ihrem Tier in ruhiger und entspannter Haltung zu kommunizieren. Es ist verständlich, dass wir zu Unruhe und auch Hilflosigkeit neigen, wenn es unserem Tier schlecht geht. Sie übertragen aber diese Gefühle auf Ihr Tier, wodurch es sich noch elender fühlen kann. Außerdem beeinträchtigen diese Emotionen die Qualität Ihres telepathischen Gesprächs. Nehmen Sie sich also die Zeit, selbst erst einmal zur Ruhe zu kommen. Die erste Übung „Meditation“ (Seite 21) kann Ihnen dabei gute Dienste leisten.

Um den Therapeuten bei seiner Diagnose und Behandlung zu unterstützen, teilen Sie ihm einfach die Ihnen bekannten Details mit. Dabei obliegt es Ihnen, ob Sie dem Arzt oder Heilpraktiker mitteilen möchten, dass Sie diese Informationen durch ein Gespräch mit Ihrem Hund erlangt haben. Sie können auch allgemein berichten, Sie wüssten, dass Ihr Hund Schmerzen im rechten Vorderlauf hat und Hilfe benötigt.

Für die wichtigen Entscheidungen rund um die medizinische Behandlung Ihres Hundes sind gute Informationen die beste Basis. Aus diesem Grund sollten Sie den Therapeuten zu Diagnose, Prognose und Behandlungsmöglichkeiten ausführlich befragen. Wenn sich von diesen Informationen für Sie etwas nicht richtig anfühlt, dann nehmen Sie sich die Zeit, über die Angelegenheit noch einmal nachzudenken. Wenn die Erkrankung Ihres Tieres es

Gerade bei Gesprächen mit kranken Hunden ist es wichtig, präzise Fragen zu stellen, um hilfreiche Antworten zu erhalten. (Foto: Tierfotoagentur/Richter)

zulässt, holen Sie ruhig noch eine zweite Meinung ein. Und auch Ihren Hund sollten Sie in die Entscheidung mit einbeziehen. Unsere Tiere geben uns häufig sehr exakte Informationen darüber, was sie sich als erfolgreiche Behandlung vorstellen. Dabei kann es sich sowohl um schulmedizinische Ansätze wie eine Operation als auch um alternative Wege wie homöopathische oder physiotherapeutische Maßnahmen handeln. Es wird Ihrem Hund gefallen und guttun, in den Prozess einbezogen zu werden.

Zudem können Sie in Erfahrung bringen, ob Ihr vierbeiniger Freund überhaupt Hilfe haben

möchte. Unheilbar kranke oder auch sehr alte Tiere wünschen sich lieber, in Würde gehen zu dürfen, als mit diversen Therapieversuchen eine Verlängerung ihres Leidens erdulden zu müssen. Doch wie auch immer die gesundheitliche Situation Ihres Tieres sein mag: Es wird Ihnen in jedem Fall seine eigene Vorstellung über den weiteren Verlauf klar mitteilen. Mit all diesen Informationen sind Sie dann in der Lage, eine für alle Beteiligten richtige Entscheidung zu fällen.

Vermisste Hunde wiederfinden

Wenn ein Hund verschwindet, ist das immer ein sehr emotionales und traumatisches Ereignis. Die Gründe, die einen Hund dazu bewegen, das Zuhause zu verlassen, sind sehr unterschiedlich. So kann es sein, dass sich Ihr Hund mehr Aufmerksamkeit wünscht und meint, diese woanders suchen zu müssen. Vielleicht fühlt er sich auch einfach überflüssig, da er in dem jetzigen Heim keine sinnvolle Aufgabe für sich findet. Der Hund kann mit den Problemen, mit denen sich seine Menschen auseinandersetzen, überfordert sein. Vielleicht stellt auch ein neues Tier im Haushalt eine Bedrohung für ihn dar. Genauso gut kann unser vierbeiniger Freund aber auch beim Nachgehen einer Fährte oder dem Hinterherrennen einer Katze die Orientierung verloren haben. Alte oder sehr kranke Tiere verlassen manchmal auch das Zuhause, um zu sterben. Zum einen folgen sie damit ihrem Instinkt und zum anderen möchten diese Hunde dann ihren menschlichen Gefährten den Schmerz ersparen. Ob Ihr Hund nun absichtlich oder unbeabsichtigt sein Zuhause verlassen hat: Sie sollten in jedem Fall umgehend handeln. Zuerst sollten Sie sich mit den Tierheimen, Tierschutzorganisationen, den Tierkliniken und dem Haustierregister, bei dem Ihr Hund gemeldet ist, in Verbindung setzen. Stellen Sie einen Suchtrupp aus Familienmitgliedern, Freunden und Bekannten zusammen. Fragen Sie in der Nachbarschaft nach, ob jemand Ihren Hund gesehen oder etwas gehört hat. Zettel mit einem Bild und dem Namen Ihres Hundes sowie Ihrer Telefonnummer können Sie in der weiteren Nachbarschaft verteilen und als Suchplakate anbringen. Fragen Sie auch bei der Polizei nach und nehmen Sie Kontakt zu den Jagdpächtern auf. Besonders in der Brut- und Setzzeit ist ein Gespräch mit den Jägern wichtig. Dadurch kann ein Informationsaustausch auf beiden Seiten stattfinden und die Gefahr, dass der Jäger Ihren Hund als „Wilderer" erschießt, minimiert werden.

Nun kommt der wohl schwierigste Schritt: Bleiben Sie ruhig und behalten Sie die Fassung, auch wenn Ihr geliebter Hund nicht umgehend wieder auftaucht oder gefunden werden kann. Wir wissen, dass das wirklich schwerfällt. Aber diese starke gefühlsmäßige Bindung zu Ihrem Tier kann die intuitiven Empfindungen massiv beeinträchtigen. Aus diesem Grund möchten wir noch einmal ganz deutlich darauf hinweisen, dass Sie eine telepathische Kontaktaufnahme zu Ihrem Tier nur dann nutzen sollten, wenn Sie bereits mit der Tierkommunikation ausreichend Erfahrungen gesammelt haben. Auch dann kann es sinnvoll sein, einen Freund oder eine Freundin mit entsprechender Fähigkeit um Hilfe zu bitten. Sollte es Ihnen nicht gelingen, eine telepathische Verbindung zu Ihrem Hund herzustellen, oder sollte es an Erfahrung mangeln, wenden Sie sich bitte an einen professionellen Tierkommunikator. Wenn Sie alle zuvor beschriebenen Maßnahmen ergriffen haben und sich erfahren genug fühlen, setzen Sie Ihre telepathischen Fähigkeiten ein.

Beginnen Sie mit der Übung „Achtsamkeitsreise" (Seite 60). Das hilft Ihnen, sich mit Ihrem vermissten Hund verbunden zu fühlen und selbst ruhig

Allein auf weiter Flur: Es gibt die verschiedensten Gründe, warum ein Hund sein Zuhause verlässt. (Foto: Tierfotoagentur/Katrin Fischer)

zu werden. Stellen Sie sich Ihren tierischen Gefährten an einem sicheren und wohlbehüteten Ort vor, damit Sie positive Gedanken aufbauen und bewahren können. Sorgen und schlimme Vermutungen ziehen Sie in ein negatives Loch, stören die Verbindung zu Ihrem Hund oder können sich sogar auf ihn übertragen. Damit ist niemandem geholfen. Positive Gedanken hingegen wirken wie ein Magnet.

Eine der großen Schwierigkeiten liegt darin herauszufinden, ob sich das Tier noch in seinem materiellen Körper befindet. Die Empfindungen oder auch Aussagen des Hundes dazu sind nicht immer stimmig. Wenn ein Tier sehr plötzlich, zum Beispiel durch einen Unfall, sein Leben verliert, ist es möglich, dass es diesen Umstand noch gar nicht wahrgenommen hat. Der Hund könnte von dem Unfall berichten und gleichzeitig, dass es ihm gut gehe. Er hat noch nicht gemerkt, dass er seinen Körper bereits verlassen hat. Im umgekehrten Fall besteht die Möglichkeit, dass uns ein Tier mit „Todesangst" berichtet, nicht mehr in seinem Körper zu sein. Diese Aussage ist dann von seiner momentanen Todesangst geprägt, es ist „völlig außer sich".

Stellen Sie sich einen Korridor vor, in dem Sie zwischen zwei Türen wählen können. Wenn Sie die Zimmertür des rechten Raumes öffnen, springt Ihnen Ihr Hund freudig entgegen und Sie gehen gemeinsam nach Hause. Hinter der linken Zimmertür erwartet Sie ein lichtdurchfluteter, sonst aber leerer Raum. Zu welcher Zimmertür zieht es Sie hin?

Gehen wir zunächst davon aus, dass Sie das rechte Zimmer magisch anzieht. In diesem Fall können Sie etwas tun: Stellen Sie sich vor, wie Ihr Hund zu Ihnen zurück nach Hause, durch das Gartentor oder die Haustür auf Sie zugelaufen kommt. Wie Sie ihn voller Freude und Glück begrüßen, ihm einen gefüllten Napf mit Futter und Wasser hinstellen. Stellen Sie sich vor, wie Sie mit ihm spielen, spazieren gehen, wie Sie Spaß haben und ihn streicheln. Die einfachsten Möglichkeiten sind meistens die effektivsten.

Wenn Ihnen das nicht reichen sollte und Sie einen konkreten telepathischen Kontakt vorziehen, dann stellen Sie eine Verbindung durch die Ihnen bekannte Vorgehensweise (Schutz, Erdung, Kanäle öffnen und verbinden) zu Ihrem Hund her. Sobald Sie Ihren Hund telepathisch erreicht haben, können die verschiedensten Emotionen auf Sie einströmen: Angst, Verwirrung, Einsamkeit, Hunger und Durst, möglicherweise sogar Schmerz durch eine Verletzung. Bleiben Sie jetzt bitte weiterhin ruhig und entspannt.

Stellen Sie sich vor, wie sich Ihre Schutzhülle ausdehnt und Ihren Hund darin mit aufnimmt. Wenn Sie die anfängliche Meditation mit Ihrem Hund gemeinsam durchgeführt haben, ist dies nun eine gute Möglichkeit, das „Goldstaubsäckchen" (ab siehe Seite 21) einzusetzen. Versuchen Sie, sich Ihren Hund innerhalb der telepathischen Verbindung bildlich vorzustellen. Wenn Sie ihn ganz deutlich vor Ihrem geistigen Auge sehen können, nehmen Sie den Goldstaub aus Ihrer imaginären Hosentasche und werfen ihn hoch. Das Gleiche machen Sie mit dem Goldstaub aus dem Säckchen am Halsband Ihres Hundes. Zwei Linien aus goldenem Licht bilden sich. Stellen Sie sich vor, wie sich diese beiden Linien treffen. Nun sagen Sie Ihrem Hund: „Halt nach dem goldenen Licht Ausschau. Such dieses Licht und es wird dir den Weg nach Hause zeigen. Es bringt dich zurück nach Hause."

Wenn Ihnen die Vorstellung mit dem goldenen Licht nicht zusagt, können Sie natürlich auch ein

„normales" telepathisches Gespräch mit Ihrem Hund führen. In diesem Fall sollten Sie so viele Fragen wie möglich über seinen aktuellen Aufenthaltsort stellen. Zum Beispiel, ob er sich in der Nähe von Gebäuden aufhält. Wie sehen diese Gebäude aus: Sind es (Hoch-)Häuser, Wohnwagen oder Bauernhöfe? Kann Ihr Hund in seiner Umgebung Wasser sehen, einen Fluss, einen Bach oder einen See? Handelt es sich um ein offenes Gelände, vielleicht eine Wiese oder ein Feld? Oder ist er in der Nähe einer Baumgruppe oder gar in einem Wald? Kann er Verkehrsgeräusche hören, das Klingeln einer Straßenbahn oder Zuggeräusche? Versuchen Sie, so viele Details wie möglich in Erfahrung zu bringen, und notieren Sie alles. Bitte erwarten Sie keine Angaben zu Straßennamen oder gar Hausnummern. Tiere nehmen ihre Umgebung nicht nach unseren Maßstäben wahr. Daher sollten Sie Ihre Fragen sehr präzise formulieren und dadurch versuchen, so viel wie möglich über den derzeitigen Aufenthaltsort in Erfahrung zu bringen. Anhand dieser Angaben lässt sich das Suchgebiet besser lokalisieren und einschränken. Das erhöht die Chance, Ihren Hund mithilfe des Suchtrupps wiederzufinden.

Nun gibt es aber auch die Möglichkeit, dass Sie auf dem Korridor mit den zwei Räumen eine intuitive Anziehung zur linken Zimmertür spüren. In diesem Fall sollten Sie bereit sein, das mögliche Ende zu akzeptieren und den Hund „loszulassen". So schwer es auch sein mag, einen Freund gehen zu lassen – vertrauen Sie darauf, dass nichts ohne Grund passiert und alles zwei Seiten hat. So wird auch dieses schmerzliche Ereignis eine gute Seite haben. Manchmal braucht man nur etwas Zeit, um dies zu erkennen und zu verstehen.

Abschied nehmen

Bereits seit dem Einzug des Hundes in unser Heim, unser Leben und unser Herz wissen wir, dass der Tag kommen wird, an dem wir Abschied nehmen müssen. Häufig fühlen wir uns in diesen Momenten hilflos, sehen uns einer Situation gegenüber, in der wir glauben, nichts tun zu können und einfach nur hinnehmen zu müssen. So muss es aber nicht sein. Wenn wir uns schon im Vorfeld mit dem Gedanken auseinandersetzen, erhalten wir die Möglichkeit, handlungsfähig zu sein. Aufklärung, Vorbereitung und die telepathische Kommunikation kann „die Rückkehr in den Himmel" zu einem liebevollen, würdevollen und friedvollen Übergang werden lassen.

Tiere sehen den Tod mit anderen Augen als wir, für sie gehört er zum Leben mit dazu. Der Übergang ist keine unbekannte Variable, sondern der Rhythmus der Natur. Wilhelm von Humboldt sagte einmal: „Der Tod ist kein Abschnitt des Daseins, sondern nur ein Zwischenergebnis, ein Übergang aus der einen Form des endlichen Wesens in eine andere." Treffender kann man das nicht formulieren. Trotzdem ist dieser Abschnitt des Lebens für uns Menschen eine große Herausforderung, ganz besonders für diejenigen, die nicht an ein Leben nach dem Tod glauben. Ob und an was Sie glauben möchten, bleibt Ihre ganz persönliche Entscheidung. Wir möchten Ihnen hier nur aufzeigen, wie Sie dem Tag des Abschiednehmens einen angemessenen Rahmen geben können, damit Sie sich nicht mehr so hilflos fühlen.

Mit der telepathischen Tierkommunikation eröffnen sich Ihnen ganz neue Möglichkeiten. Wie bei

Tiere sehen den Tod mit anderen Augen als wir: Er gehört für sie zum Leben dazu.
(Foto: Tierfotoagentur/Tzimopulos)

allen Dingen, die Ihr gemeinsames Leben mit Ihrem Hund betreffen, so sollten Sie auch hier unbedingt Ihren tierischen Freund mit einbeziehen. Wie schon erwähnt gibt es einige Tiere, die trotz Schmerzen und Leid in ihrem materiellen Körper bleiben, weil der Tierhalter noch nicht bereit ist, loszulassen. Unserer Meinung nach ist aber gerade das Loslassen der größte Liebesbeweis, den man seinem vierbeinigen Gefährten geben kann. So schmerzhaft es auch sein mag: Das Festhalten, Nicht-gehen-Lassen ist purer Egoismus und keine Tierliebe. Damit sollte sich jeder Tierhalter zunächst einmal auseinandersetzen. Anstatt die Augen davor zu verschließen und die Entscheidung immer weiter vor sich her zu schieben, sprechen Sie mit Ihrem Hund darüber. Fragen Sie ihn nach seinen Wünschen – sowohl zum „richtigen Zeitpunkt" als auch zur Art und Weise des Hinübergehens und zu dem Begräbnis. Unsere Tiere haben meistens sehr konkrete Vorstellungen davon.

Fragen Sie Ihren Hund, ob er Ihnen ein Zeichen geben kann, wenn die Zeit für ihn gekommen ist, und wie das Zeichen aussehen wird. Schafft er den Weg über die Regenbogenbrücke allein oder braucht er (tierärztliche) Hilfe? Wenn der Wunsch nach einem Tierarzt besteht, ist es wichtig zu fragen, ob Ihr Hund in die Praxis möchte oder ob er lieber zu Hause einschlafen möchte. Erkundigen Sie sich, welcher Tierarzt bereit wäre, zu Ihnen zu kommen. Möchte Ihr Hund, dass Sie und/oder andere Familienmitglieder dabei anwesend sind? Hat er spezielle Wünsche bezüglich seiner letzten Ruhestätte? Auch hier haben viele Tiere ganz konkrete Vorstellungen. Einige wünschen, an einer bestimmten Stelle beerdigt zu werden oder dass ihre Asche an einem speziellen Ort verstreut wird. Erkundigen Sie sich, ob die Umsetzung der Bitte nach gesetzlichen Vorgaben möglich ist. Das Gespräch mit unserem Hund soll letztendlich ja auch die Erfüllung dieser Wünsche nach sich ziehen. Wenn Sie im Vorfeld wissen, dass Sie der Bitte, zum Beispiel im Garten begraben zu werden, nicht nachkommen können, besteht die Möglichkeit, dies mit Ihrem Hund zu besprechen. Eventuell wäre er dann mit einer Ruhestätte auf einem Tierfriedhof einverstanden oder er schlägt andere Alternativen vor. Vielleicht möchte sich Ihr Hund noch von tierischen Freunden verabschieden, wünscht sich eine Kerze auf seinem Grab oder möchte mit Ihnen eine ganz bestimmte Musik hören.

Wenn dann der Tag gekommen ist, nehmen Sie sich die Zeit, die Sie beide dafür brauchen. Dazu gehört auch die anschließende Trauer. Dieser Prozess kann viele tief sitzende Emotionen wie Schuld und Wut hervorrufen und auch zu Depressionen führen. Lassen Sie diese Gefühle zu. Es ist gut und auch wichtig, sie wahrzunehmen und auch sich dem darin enthaltenen Schmerz zu stellen. Wenn Sie versuchen, diese Gefühle zu unterbinden, dann bauen Sie damit erneut Blockaden auf. Man sagt, die Zeit heile alle Wunden. Darin steckt viel Wahrheit. Nichts und niemand wird Ihren geliebten Freund ersetzen können. Aber der Schmerz wird weniger werden, und nach einer gewissen Zeit werden Sie die Freude, das Glück und die Schönheit des Lebens wiederfinden. Hat sich das nicht auch Ihr verstorbener Hund für Sie gewünscht?

(Foto: Tierfotoagentur/Starick)

Die Helfer in der Tierkommunikation

Wenn man mit Tieren telepathisch kommuniziert, dann beschreitet man fast ganz automatisch auch einen sehr spirituellen Weg. Spiritualität hat allerdings viele Gesichter und muss nicht mit dem Glauben an einen Gott einhergehen. Mentale Gespräche mit Tieren zu führen, hat absolut nichts Sektenhaftes oder Esoterisches an sich. Diese Möglichkeit ist an keine Religion gebunden und steht mit keiner Religion im Widerspruch. Telepathische Tierkommunikation ist einfach die Fähigkeit, auf nicht körperlicher, nonverbaler Ebene eine Verbindung zwischen zwei Seelenwesen herzustellen, ohne Zuhilfenahme der anderen, rein körperlichen Sinne. Das allein ist schon sehr spirituell.

Allerdings lässt sich diese Einstellung noch etwas vertiefen. Als Reiki-Meister und Lehrer sind wir etwas tiefer in diese Materie eingetaucht, haben uns mit Engeln, geistigen Führern und Krafttieren beschäftigt. Diese „Spirits“ können sich als große Hilfe und Verbündete auf unserem Weg der Tierkommunikation erweisen. Sie können eine Kommunikation intensivieren, unterstützen und auch bei speziellen Problemen helfen. Selbstverständlich können diese Wesen auch unabhängig von einer Kommunikation um Schutz gebeten werden. Ob Sie ihnen Einlass gewähren möchten, können nur Sie ganz allein entscheiden. Aber vielleicht können Ihnen die folgenden Informationen über diese geistigen Wesen bei der Entscheidung darüber helfen.

Engel

Das Wort Engel kommt vom griechischen Wort „Angelos“, was so viel wie „Bote“ bedeutet. Engel nehmen eine wichtige Rolle im Koran, im Christen- und Judentum ein. Das zeigt, dass Engel eigentlich zur ganzen Menschheit gehören und nicht nur zu einer bestimmten Religion. Doch was sind Engel? Es handelt sich dabei um Lichtwesen, die dem Göttlichen näherstehen als wir. Sie geben uns Schutz und Führung, sie helfen, unser kreatives Potenzial zu verwirklichen. Engel können als Mittler zu persönlichem Wachstum und spiritueller Evolution verhelfen. Und sie können uns bei der telepathischen Tierkommunikation hilfreich zur Seite stehen. Ob man nun an Engel glauben möchte, ist eine ganz persönliche Entscheidung. Immerhin leben sie im Reich des Unsichtbaren. Allerdings kann dieses Unsichtbare auch von Vorteil sein – so brauchen Sie keine Angst davor zu haben, dass plötzlich eine mächtige Lichtgestalt in Ihre vier Wände hereingedonnert kommt. Ganz im Gegenteil können Sie absolut sicher sein, dass die Engel immer eine für Sie verträgliche Energie wählen. Da sie rein geistige Wesen sind, bestehen für die Engel auch keine räumlichen oder zeitlichen Begrenzungen. Das ermöglicht diesen Lichtwesen, im gleichen Augenblick vielen Menschen an verschiedenen Orten gleichzeitig zu helfen. Aus diesem Grund brauchen Sie auch nicht zu zögern, die Hilfe eines Engels zu erbitten. Sie brauchen keine Sorge zu haben, dass der Engel anderweitig beschäftigt oder aber Ihr Anliegen nicht wichtig genug wäre. Für die Engel ist unser Ruf nach Hilfe wie süße Musik in ihren Ohren. Damit kommen wir zu einem ganz wichtigen Aspekt: dem Gesetz des freien Willens. Aus diesem Grund dürfen und können die (Erz-)Engel nur dann in unser Leben eingreifen, wenn sie ausdrücklich darum gebeten worden sind. Einzige Ausnahme sind lebensgefährliche Situationen, in denen wir vor der anberaumten Zeit unser Leben verlieren könnten. Ansonsten kommen uns diese geistigen Lichtwesen in dem Moment zu Hilfe, in dem wir sie rufen. Dazu bedarf es keiner formellen Einladung und keines speziellen Rituals. Allein der Gedanke an die Engel ist genug.

Um nicht den Rahmen dieses Buches zu sprengen und auch beim eigentlichen Thema zu bleiben, haben wir die Beschreibungen der Engel auf ein überschaubares Maß reduziert. So sind die Erzengel vielen von uns am vertrautesten. Daraus haben wir die vier Haupt-Erzengel ausgewählt. Sie können diese ohne Scheu und Angst um Hilfe und Unterstützung bitten.

Erzengel Raphael

Sein Name bedeutet „Gott hat geheilt“. Dieser Erzengel ist verantwortlich für die Heilung der Erde und ihrer Bewohner. Er ist die spirituelle Quelle hinter allen Heilverfahren und bringt allen Lebewesen Heilung, die Ganzheit suchen. Er führt uns zu den Heilern, Therapeuten und Beratern, die uns nach Kräften helfen. So können wir ihn um die Heilung eines Tieres bitten oder auch um die Unterstützung bei dem Weg über die Regenbogenbrücke. Raphael ist immer da, um uns zu Ganzheit und Harmonie zu führen; wir brauchen es uns nur zu wünschen.

Erzengel Michael

Sein Name bedeutet „Der wie Gott ist“. Dieser Erzengel setzt sich unermüdlich für das Gute ein und steht immer dem Schwächsten bei. Michael kämpft für Recht und Gerechtigkeit und führt alle, die in großer Not sind. Er ist der Überbringer von Geduld und Glück. So können wir ihn um den Schutz eines Tieres bitten, zum Beispiel für eine Reise mit unserem Hund oder auch um Schutz bei einem operativen Eingriff. Wir können Michael in jeder Situation um Hilfe bitten, in der wir uns einsam oder machtlos fühlen.

Erzengel Gabriel

Sein Name bedeutet „Gott ist meine Stärke“. Traditionell wird Gabriel als der Bote des Wortes Gottes gesehen. Dieser Erzengel belehrt uns über unsere künftigen Aufgaben und Talente in dieser Welt. Gabriel ist der Schutzheilige der kleinen Kinder und kümmert sich liebevoll um das innere Kind in jedem von uns – ein Kind, das in seinem Wachstum behindert oder verwundet wurde. So führt er uns mit liebevollen Worten, damit wir dieses innere Kind wieder freilassen können. Gabriel ist aber auch der Engel der Freude und der Geist der

Erzengel Gabriel können wir zum Beispiel um Hilfe bitten, unseren Hund (und auch unser Kind) auf ihren Wegen schützend zu begleiten. (Foto: Tierfotoagentur/Starick)

Wahrheit. Seine wichtigste Gabe an uns ist, unsere Stärke und unsere Überzeugungen zu hegen. Erzengel Gabriel bringt den göttlichen Willen eines Tieres zum Ausdruck. Wir können ihn um Hilfe bitten, damit wir sehen, was für uns in jeder Situation real ist, in der wir Führung und Lenkung für unsere Intuition und Einsicht brauchen.

Erzengel Uriel

Sein Name bedeutet „Mein Licht ist Gott". Dieser Erzengel hilft uns, die Liebe in jeder Situation zu sehen. In Zeiten von Unglück und Katastrophen bringt er uns Sicherheit und Geborgenheit. Er hilft uns auch bei der Realisierung unserer Träume und Ziele. Unter seiner Führung erlangen wir die Möglichkeit, unser Potenzial der Kreativität zu verwirklichen. Uriel hilft uns zu verstehen, warum etwas so ist, wie es ist – sodass wir erkennen, auch wenn die Dinge scheinbar schiefgehen, dass alles zu unserem Besten geschieht. Erzengel Uriel erlöst und geleitet die Seele eines Tieres zurück zu Gott. Mit ihm finden das Tier und auch wir selbst unser inneres Licht.

Der persönliche Schutzengel

Jedes Lebewesen hat noch einen ganz bestimmten Engel: den persönlichen Schutzengel. Er ist bei einem, von der Geburt bis zu der Rückkehr in den Himmel. Der Schutzengel sorgt für Führung und Sicherheit. Er steht uns jederzeit als Helfer zur Verfügung und auch mit allen anderen Engeln aller Hierarchien in Kontakt. Das macht ihn zusätzlich zu etwas ganz Besonderem. Denn wann immer wir Hilfe, Unterstützung, Leitung, Führung oder Schutz brauchen, können wir uns an den Schutzengel wenden. Er wird alles in seiner Macht Stehende tun, um unserer Bitte nachzukommen. Das bedeutet auch, dass der Schutzengel diesen Ruf nach Hilfe an die anderen Engel weiterreicht, wenn er selbst an Grenzen stößt. Dieses Lichtwesen kennt sich in den Engelshierarchien aus und weiß genau, aus welcher Himmelsebene wir zusätzliche Hilfe benötigen. Seine „Weiterleitung" kommt einem persönlichen Ruf gleich. Wenn Sie also mit Ihrem Hund in einer bestimmten Situation himmlische Hilfe benötigen, aber nicht wissen, wer dafür konkret zuständig ist, dann wenden Sie sich vertrauensvoll an Ihren Schutzengel.

Geistführer

Die Geistführer werden manchmal mit den Schutzengeln verwechselt. Obwohl es sich ebenfalls um recht liebevolle Wesen handelt, gibt es einen großen Unterschied zu den Schutzengeln. Die wahren Schutzengel haben nämlich nie als Sterbliche auf der Erde geweilt und besitzen eine höhere Energiefrequenz. Vergleichbar sind die geistigen Führer mit den Schutzengeln insofern, als dass auch sie viele Geschenke in unser Leben bringen. Doch haben die Geistführer irgendwann einmal in menschlicher Form auf der Erde gelebt. Bei den meisten handelt es sich um verstorbene Familienmitglieder oder Menschen, die man geliebt hat. Ihr geistiger Führer kann jedoch auch bereits aus dem physischen Leben geschieden sein, noch bevor Sie geboren wurden. Der geistige Helfer wird nie in Ihren freien Willen eingreifen oder gar Entscheidungen für Sie treffen. Vielmehr ist er dafür da, Trost und Schutz zu gewähren und, wenn nötig, zu warnen.

Um mit Ihrem geistigen Führer zu kommunizieren, gehen Sie ähnlich vor wie bei einem telepathischen Gespräch mit Ihrem Hund. Ruhe, Entspannung, Schutz und Erdung sind auch hier wieder von zentraler Bedeutung. Mit diesen Maßnahmen schaffen Sie die positive Voraussetzung für einen Dialog mit diesem Helfer, was letztendlich auch Ihrem Hund zugute kommen wird.

Kraft- und Totemtiere

Krafttiere sind Licht- und Energiewesen und auch Seelenführer, die uns oft schon von Geburt an über mehrere Jahre hinweg begleiten. Sie können uns auf verschiedene Art und Weise begegnen und sind mit dem Kern unseres Wesens verwandt. Teilweise nehmen Menschen sogar die Gesichtszüge oder das Verhalten des sie begleitenden Krafttiers an. Jeder Mensch wird von einem oder mehreren Krafttieren begleitet. Es kann Ihnen ein sehr kleines Krafttier begegnen, bei dem Sie nicht das Gefühl haben, dass es zu Ihnen passt. Doch womöglich brauchen Sie dieses dann genau für die momentane Lebenssituation. Dies unterscheidet auch ein Krafttier von einem sogenannten Totemtier. Während uns ein Krafttier eine kurze Zeit oder auch einen längeren, jedoch begrenzten Lebensabschnitt begleiten und uns für bestimmte Situationen seine Kraft und Hilfe (Medizin) anbieten kann, liegt die Unterstützung des Totemtieres in übergeordneten Thematiken. Ein Totemtier ist ein Lebensgefährte, der schon immer da gewesen ist und zu dem die Beziehung häufig intensiver und tiefgründiger besteht als zu einem Krafttier. Während das Krafttier für konkrete Lebenssituationen hilfreich zur Seite steht, reflektiert das Totemtier häufig die Person selbst, es ist eine Art Seelenspiegel. In beiden Fällen sollte die jeweilige „Medizin" des geistigen Helfers ergründet werden.

Falls Ihnen die Kraft des Tieres nicht direkt klar sein sollte, besteht die Möglichkeit, sich sehr genau mit dem Tier zu beschäftigen, es zu beobachten und zu studieren. Dann wird Ihnen sehr wahrscheinlich bewusst werden, welche Kraft dieses

Tier Ihnen mitgebracht hat und wie Sie diese in Ihr Leben integrieren können.

Bei besonders schwierigen Kommunikationen mit unserem Hund oder Fragen führen uns unsere Krafttiere in das geistige Reich. Sie schützen, warnen und begleiten uns. Oftmals helfen sie uns bei Heilbehandlungen und telepathischen Gesprächen, wenn wir sie darum bitten. Sie helfen uns auch, anstehende Aufgaben zu bewältigen, und zeigen uns Energien verschiedener Orte an. So können Sie ein Krafttier beispielsweise um Hilfe bitten, wenn Sie Ihren Schlüssel nicht finden können. Oder aber Sie bitten es, schon im Voraus einen Parkplatz zu suchen, wenn Sie wissen, dass die Stadt überfüllt sein wird, da verkaufsoffener Sonntag ist. Das klappt in 99 Prozent der Fälle vorzüglich.

Damit unsere Kraft- beziehungsweise Totemtiere auch in Zukunft gern helfen und bei uns bleiben, sollte man diese Beziehung pflegen und es nicht für selbstverständlich halten, dass sie bei einem sind. Die Tiergeister freuen sich beispielsweise sehr darüber, wenn für sie getanzt und gesungen wird. Auch sehen sie es gern, wenn ihnen materielle Geschenke gemacht werden. Das kann zum Beispiel ein schöner Stein sein, den Sie zu Ehren Ihres Krafttieres tragen. Oder Sie zünden Ihrem geistigen Helfer eine Kerze an oder stellen ein Bild oder eine Figur von ihm auf. Auf diesem Weg können Sie sich auch im Hier und Jetzt mit der Energie Ihres Tiergeistes vertraut machen, denn Gaben und Geschenke verstärken die Kraft und Ihre Verbindung zueinander. Des Weiteren sollten Sie Ihr Kraft- und Totemtier achten – und denken Sie daran, eine Beziehung besteht aus Geben und Nehmen.

Krafttiere können einem in jeder bekannten Tiergestalt erscheinen. Die Kontaktaufnahme kann auf unterschiedlichen Wegen erfolgen. Das Arbeiten mit diesen geistigen Helfern entstammt dem Schamanismus. Die Medizinmänner und -frauen der Naturvölker nutzen seit jeher die kraftvolle und heilende Wirkung der Seelenführer. Meistens erfolgt die Behandlung der erkrankten Person durch eine rituelle Vorgehensweise, in der die Krafttiere eine große Rolle spielen. So erfolgt auch das „Holen" eines Krafttieres nach rituellen Maßstäben. Durch den Einsatz von Trommeln und auch Gesang wird die betroffene Person auf eine Reise in die „untere Welt" geführt. Man schaut sich in dieser Welt um, trifft Lebewesen jeder Art und kann sich auch mit ihnen unterhalten, bevor man den Weg zurück in das Hier und Jetzt antritt. Danach erst reist der Schamane in die zuvor besuchte Welt und kehrt mit einem Krafttier für die jeweilige Person zurück. In anderen Fällen reist der Schamane auch gleich mit der betroffenen Person gemeinsam in die „untere Welt", begleitet also auf dieser Reise, wo wir selbst unser Krafttier finden.

Leider sind in unserem Breitengrad die Schamanen rar. Auch entspricht es nicht unbedingt unserer westlichen Mentalität, mit Gesang und Trommelwirbel in geistige Welten zu reisen. Somit mag es einem zunächst recht schwierig erscheinen, ein oder auch mehrere Krafttiere in sein Leben zu integrieren. Das muss aber nicht sein. Es ist nämlich auch möglich, über eine Meditation mit den spirituellen Helfern Kontakt aufzunehmen. Wir haben den schamanischen und den meditativen Weg für die Kontaktaufnahme mit einem Krafttier genutzt. Nach unserer Erfahrung sind beide Möglichkeiten gleich gut, sodass auch hier wieder einmal die persönliche Vorliebe entscheidend ist. Auch ist eine Begegnung mit unserem Totem-

Ein sehr wichtiges Krafttier ist der Adler: Er hilft uns, unserer Bestimmung entsprechend zu leben. (Foto: Tierfotoagentur/Schäfer)

beziehungsweise Krafttier in unseren Träumen möglich – in einem einzigen, jedoch eindringlichen und im Gedächtnis verbleibenden Traum oder in immer wiederkehrenden Träumen. Und auch in der „realen Welt", im Hier und Jetzt, können uns diese Tiergeister begegnen, zum Beispiel während eines Spaziergangs. Doch für welchen Weg Sie sich auch entscheiden, auf welche Weise sich Ihnen ein

Tiergeist auch zeigt: Etwas mehr Wissen über die einzelnen Krafttiere kann für Sie ganz nützlich sein. So möchten wir Ihnen nachfolgend einige dieser geistigen Tiere vorstellen. Leider ist es im Rahmen dieses Buches nicht möglich, alle Krafttiere aufzuführen, sodass wir auch hier wieder eine kleine Auswahl getroffen haben.

Der Adler fordert auf, im Einklang mit der inneren Führung, der Kraft des Herzens zu leben. Dieses Krafttier steht für Licht, Bewusstsein, Freiheit, Schnelligkeit, Macht und Kraft. Damit hilft er uns, unsere Bestimmung zu leben. Er befreit uns von einengenden Vorstellungen und bringt Einsicht und Klarheit für unser Leben. Dadurch und mit seiner Klarheit und geschärften Wahrnehmung erleichtert uns der Adler den Weg zur Tierkommunikation.

Der Bär zeigt uns alles, was in uns liegt. Er lehrt uns, ein Gleichgewicht zwischen Ruhe und Aktivität zu finden. Im Winter sucht sich der Bär eine Höhle oder ein sicheres Versteck, wo er bis zum Frühling ruht. In dieser Zeit geht er Träumen und Visionen nach. Auch Menschen mit diesem Krafttier brauchen viel Ruhe und empfangen in ihren Träumen Botschaften. So hilft uns der Bär dabei, in unsere innere Welt einzutauchen, Ideen zu entwickeln und Eingebungen aufsteigen zu lassen. Er gibt Schutz, Orientierung und Halt, steht bei telepathischen Gesprächen immer mit einem guten Rat zur Seite und hilft uns, unsere physischen Kräfte zu erneuern. Der Bär zeigt uns die innere Welt, die Welt des Schamanen.

Der Büffel ist ein Überbringer von allem Guten. Als großer Versorger ruft er uns auf, ein Lehrer, ein Führer und ein Erhalter der Gemeinschaft zu sein. Er hilft dabei, etwas auf den Weg zu bringen, zu erhalten und zu versorgen. Dieses Krafttier schenkt Durchhaltekraft, Frieden und den unerschütterlichen Glauben an die innere Quelle. Er lehrt uns die Dankbarkeit und fordert uns auf, alles im Leben zu teilen. Diese Gaben erleichtern es uns, den telepathischen Kontakt zu unserem Hund herzustellen.

Der Kojote lehrt uns, der eigenen Kraft zu vertrauen, keine Angst vor Fehlern zu haben und „zwischen den Welten“ zu wandeln. Dieses Krafttier führt zum Sein in der Gegenwart. Er hält uns den Spiegel für unsere eigenen menschlichen Eigenschaften vor Augen. Der Kojote kann uns einen guten Dienst erweisen, zieht uns aber den Boden unter den Füßen weg, wenn wir uns zu wichtig nehmen oder aufspielen. Mit dem Kojoten trifft man auf einen Seelenführer und Lehrer in der „mittleren Welt“. Als scharfsinniger Beobachter verleiht er die Gabe des Verstehens und des Wiedererkennens. Mit diesen Fähigkeiten ebnet er den Pfad zur Tierkommunikation und ist ein starker Verbündeter, wenn einem alles zu mühsam und schwer erscheint.

Der Wolf lehrt uns, der Führung in uns selbst zu vertrauen. Er verleiht uns einen sicheren Instinkt und feine Sinne. Der Wolf schenkt uns Vertrauen in die eigene Kraft und zeigt uns, wie wir diese wieder auftanken und besser einteilen können. Er bringt uns die innere Wärme und ein Gefühl der Geborgenheit. Der Wolf zeigt uns, wie wir uns anpassen

Mithilfe des Krafttieres Wolf lernen wir, Vertrauen in unsere eigenen Kräfte zu haben. (Foto: Tierfotoagentur/Weimann)

und trotzdem den eigenen Vorstellungen und Wünschen nachgehen können. Von ihm können wir lernen, Ideen und Visionen in die Realität umzusetzen. So gelingt es mit der Hilfe des Wolfes vielleicht eher, Blockaden aufzulösen und sich auf mentale Dialoge mit Tieren einzulassen.

Der Wapiti lehrt uns, für eine lohnenswerte Sache zu kämpfen. Er hat ein unglaubliches Durchhaltevermögen und nutzt seine Stärke und seinen Widerstand. Dieses Krafttier ruft uns auf, mehr Selbstachtung aufzubauen, und lehrt uns, das eigene Tempo zu finden. Er zeigt uns auf, mit unserer

Das Stachelschwein als Krafttier führt uns zu unserem inneren Kind zurück. (Foto: Tierfotoagentur/Vorbusch)

Energie bewusster umzugehen, uns nicht abzukehren und auch Hilfe von anderen entgegenzunehmen. Der Wapiti nutzt seine fein entwickelten Sinne und kann uns dadurch den Zugang zur Tierkommunikation erleichtern.

Der Wal hilft uns, uns mit der Vergangenheit unserer Seele zu verbinden. Er steht für das uralte Wissen, das in uns gespeichert ist. Dieses Krafttier fordert uns auf, zu lernen und zu erkennen, wer wir wirklich sind. Die Gaben des Wals sind Frieden, Harmonie und Heilung unserer Gefühle. Er lehrt uns, mit unserem Herzen, dem Geist und unserem inneren Ohr die feinen Botschaften zu empfangen. Dieses Krafttier fördert unsere übersinnlichen Wahrnehmungen, unsere Hellhörigkeit und das Aufnehmen feinster Schwingungen. So hilft er uns, alle Sinne für die Tierkommunikation zu öffnen und dem inneren Wissen zu vertrauen.

Die Libelle lehrt uns zu verstehen, alles zu erkennen und den Moment zu genießen. Sie will uns ermuntern, den Augenblick wahrzunehmen. Dieses Krafttier fordert uns auf, Veränderungen gegenüber offen zu sein. Sie hilft uns, zu dem zu werden, was wir wirklich sind, und nicht zu dem, wovon wir denken, dass wir es sind. So kann sie uns unseren eigenen Weg zur Tierkommunikation aufzeigen und helfen, das Beste daraus zu machen. Die Libelle erinnert uns daran, unsere Begabungen zu vertiefen. Dieses Krafttier verbindet uns mit dem Geheimnis des Lebens und hilft uns gleichzeitig, mit den Füßen auf der Erde zu bleiben.

Das Stachelschwein steht für Vertrauen und Unschuld. Es lehrt uns, daran zu glauben, dass alles einen Sinn und Zweck hat. Dieses Krafttier hilft, uns zu erden, Vertrauen in das Leben zu haben und aus dem Schattenreich herauszukommen. Es führt uns zu unserem inneren Kind und gibt uns die Fähigkeit, dieses wieder mit Freude zu erleben. So hilft es uns auch bei der Tierkommunikation, Blockaden zu lösen und mit offenem Herzen zu empfangen. Das Stachelschwein bringt uns die Sicherheit, schützende Geborgenheit, Wärme und stärkt unsere positiven Gedanken.

Die Schildkröte bringt uns Schutz, Realismus und Beständigkeit. Sie ist die Hüterin der Erde und lehrt uns, geerdet und stabil zu sein. Dieses Krafttier hilft uns, eine Leichtigkeit in unseren Gedanken, unseren Gefühlen und unserem Körper zuzulassen. Die Schildkröte zeigt uns den richtigen Zeitpunkt zum Handeln und unterstützt uns darin, unser Gleichgewicht immer zu finden. In der Tierkommunikation hilft sie uns, unserem intuitiven Wissen zu vertrauen, uns zu achten und zu erden. Die Schildkröte fordert uns aber auch auf, dankbar für die täglichen Geschenke zu sein.

(Foto: Tierfotoagentur/Schwertfeger)

Das erste telepathische Gespräch

In unseren Seminaren werden wir immer wieder gefragt: „Was kann ich meinen Hund denn alles fragen?“, oder: „Wie formuliere ich die Fragen, die ich meinem Tier stellen möchte?“ Die Antworten darauf wollen wir Ihnen natürlich nicht schuldig bleiben – doch müssen wir sie ein wenig differenziert betrachten.

Mit dem eigenen Hund sprechen

Zunächst kommt es darauf an, ob Sie mit einem Ihrer eigenen Hunde telepathisch kommunizieren möchten oder mit einem Ihnen unbekannten Tier. Wenn es sich um Ihren eigenen vierbeinigen Freund handelt, gibt es mehrere Möglichkeiten. Zum einen können Sie ihn einfach fragen, ob er Ihnen etwas erzählen möchte beziehungsweise mitzuteilen hat. So geben Sie ihm die Gelegenheit, alles zu erzählen, was ihn bedrückt, sorgt, ängstigt, was ihm körperliche Beschwerden bereitet oder auch was ihm Freude macht. Sie können in dieser Form des Gesprächs individuell auf das in Erfahrung Gebrachte reagieren, zum Beispiel nachfragen, wenn Ihnen etwas unklar ist, oder etwas erklären, wenn Ihnen die Lösung für ein Problem bekannt ist.

Wenn Ihnen diese Art für ein Gespräch zu unsicher ist, weil Sie befürchten, nicht auf alle Ihre Fragen eine Antwort zu bekommen, können Sie auch gezielt Ihr Anliegen formulieren. Wenn Sie etwas über den gesundheitlichen Zustand Ihres Hundes in Erfahrung bringen möchten, eignet sich die Frage „Hast du Beschwerden oder Schmerzen?" hervorragend. Bedenken Sie aber bitte, dass die Beschwerden und Schmerzen auch seelischer Natur sein können und nicht nur rein körperlich vorliegen müssen. Wenn Sie Ihre Antworten erhalten haben, lohnt es sich natürlich auch zu fragen, was dagegen helfen könnte und was Sie selbst zur

Ihr Hund springt jeden Menschen an? Klären Sie in einem Gespräch die Gründe und erklären Sie ihm, was Sie gegen dieses Verhalten einzuwenden haben.
(Foto: Tierfotoagentur/Pfau)

Linderung beitragen können. Mit den erhaltenen Informationen können Sie dann die entsprechenden Maßnahmen in die Wege leiten.

Wenn Ihr Hund jeden Besucher anspringt, dann fragen Sie ihn, warum er das tut, erklären ihm, warum das ein unerwünschtes Verhalten ist, und bitten ihn, in Zukunft bei Gästen seine Pfoten auf der Erde zu behalten. Sollte Ihr vierbeiniger Freund eine Vorliebe für das Jagen von Autos oder Radfahrern haben, fragen Sie ihn, warum er das tut. Die Antworten können teilweise sehr verblüffend und – aus der Sicht des Tieres – auch einleuchtend sein. Daraufhin können Sie ihm die Gefahren, die sich aus seinem Verhalten ergeben, aufzeigen und gemeinsam eine Lösung oder einen Kompromiss erarbeiten. Vergessen Sie bitte nicht, die geäußerten Wünsche Ihres Tieres zu notieren; Sie vergessen sonst leicht, das Ihnen Mögliche zugunsten des Hundes umzusetzen.

Mit einem fremden Hund sprechen

Vielleicht ist Ihnen bei den genannten Beispielen schon etwas aufgefallen: Die Fragen und Erklärungen in dem telepathischen Gespräch mit Ihrem Hund formulieren Sie genau so, wie Sie es bei einem menschlichen Familienmitglied auch tun würden. Ähnlich verhält es sich bei einer mentalen Kontaktaufnahme zu einem fremden Tier, nur dass man in diesem Fall etwas behutsamer anfängt. Zunächst stellt man sich dem Tier vor – wie man es bei einer unbekannten Person auch machen würde. Hilfreich ist es in diesem Zusammenhang auch, seinen persönlichen Bezug zu dem eigentlichen Tierhalter zu erklären. Beispielsweise: „Ich bin eine Freundin von deinem Frauchen. Sie hat mich gebeten, auf diesem Wege Kontakt zu dir aufzunehmen." Nun weiß das Tier schon einmal, wer Sie sind und warum Sie mit ihm sprechen wollen. „Hättest du Lust und Zeit, mir ein paar Fragen zu beantworten?", wäre die nächste Frage. Es kann ja sein, dass der Hund gerade mit etwas anderem beschäftigt ist oder in dem Moment einfach keine Lust auf einen Dialog hat. Das wäre mit dieser Frage dann geklärt.

Ist das Tier gesprächsbereit, können Sie fortfahren. Beginnen Sie zunächst mit zwar relevanten, nicht jedoch gleich mit tief greifenden Fragen. Wenn Sie ein Gespräch mit einer Ihnen noch fremden Person führen, beginnen Sie es schließlich auch nicht gleich mit: „Haben Sie Probleme?", sondern führen erst etwas „Small Talk". Nun wollen wir unsere tierischen Freunde nicht mit Belanglosigkeiten belästigen. Also bedarf es eines Mittelwegs. Sehr gut eignen sich dafür Fragen wie beispielsweise „Wo schläfst du am liebsten?", „Was frisst du am liebsten?" oder auch „Mit wem oder was spielst du am liebsten?". Einige andere Tierkommunikatoren erachten diese Fragen als belanglos. Wir empfinden sie jedoch als durchaus begründet und auch sinnvoll. Selbst wenn jemand Sie um ein telepathisches Gespräch mit seinem Hund bittet und daran glaubt, dass so etwas möglich ist, freut er sich doch über eine Bestätigung, einen Beweis für Ihr Können. Und mit den Antworten auf diese ersten Fragen erreichen Sie zweierlei: Zum einen erhalten Sie Informationen, die Sie im Gegensatz zum Tierhalter nicht kennen können. Daraus ergibt sich

Klären Sie vor jedem Gespräch, ob der Hund gesprächsbereit oder gerade gar nicht in der Stimmung für eine ruhige Unterhaltung ist. (Foto: Tierfotoagentur/Pfau)

die Bestätigung, dass Sie tatsächlich mit dem Hund kommuniziert haben. Deswegen bezeichnen wir diese Fragen auch als „Überprüfungsfragen".

Wenn Sie mehr Sicherheit in der telepathischen Tierkommunikation gewonnen haben, entscheiden Sie selbst, ob Sie diese Fragen noch einbringen möchten oder gleich den Dialog in die gewünschte Richtung lenken mit Fragen nach körperlichen und/oder seelischen Beschwerden, nach der Ursache für unerwünschtes Verhalten oder für andere Probleme, um deren Aufklärung der Tierhalter Sie gebeten hat. Schön ist auch immer zu fragen, ob Sie dem Frauchen oder Herrchen des Hundes etwas von ihm ausrichten sollen. Am Ende des Gesprächs bedanken Sie sich bitte bei dem Tier dafür, dass es sich die Zeit genommen hat, mit Ihnen zu sprechen. Bitte vergessen Sie auch in diesem Fall nicht, den Tierhalter an die Umsetzung der Wünsche seines Tieres zu erinnern.

Anhang

Tierkommunikation für Reikianer

Telepathische Tierkommunikation und Reiki haben so viele Gemeinsamkeiten, dass es etwas verwundert, warum man dazu in keinem anderen Buch wenigstens einen Hinweis findet. Das möchten wir hier gern ändern, machen aber gleich zu Beginn darauf aufmerksam, dass sich diese Ausführungen gezielt an Menschen richten, die mit Reiki vertraut beziehungsweise darin eingeweiht sind. Wir bitten den nicht in Reiki eingeweihten Leser für dieses Vorgehen um Verständnis. Es würde den Rahmen des Buches sprengen, umfassende Ausführungen zum Thema Reiki mit aufzunehmen. Sollten wir jedoch Ihr Interesse an der Energiearbeit geweckt haben, so gibt es sehr gute Literatur. Sowohl für die telepathische Tierkommunikation als auch für das spirituelle Wachstum kann dies ein persönlicher Zugewinn sein.

Da das Usui-Reiki zu den bekanntesten gehört, richten sich unsere Angaben daran aus – was nicht bedeuten soll, dass die telepathische Tierkommunikation mit anderen Systemen nicht ebenso umsetzbar wäre. In diesen Fällen passen Sie einfach nur die Anleitungen an das entsprechende

Die Energiearbeit Reiki und die telepathische Tierkommunikation passen hervorragend zusammen. (Foto: Münchberg)

Reiki-System an. Vorraussetzung, um sein Reiki-Wissen für die telepathische Tierkommunikation zu nutzen, ist der zweite Grad im Usui- oder einem vergleichbaren System, da meistens erst ab diesem Grad die Symbole und Anweisungen zwecks Fernheilung vermittelt werden. Wenn Sie bereits Meister oder Lehrer sind, obliegt es Ihrem persönlichen Empfinden, trotzdem mit den Symbolen und Mantras aus dem zweiten Grad oder nur mit dem Meistersymbol und Mantra zu arbeiten.

Die Einweihung und das Wirken mit Reiki erspart Ihnen nicht das Durchlesen dieses Buches oder die praktische Arbeit mit den vorgestellten Übungen. Natürlich müssen auch Sie sich das Basiswissen aneignen, die ethischen und persönlichen Grundsätze kennenlernen, wissen, wie man ein Gespräch aufbaut und welche Möglichkeiten und Grenzen es gibt. In unserer langjährigen Tätigkeit als Reiki-Meister/-Lehrer und Tierkommunikatoren konnten wir jedoch feststellen, dass den Reikianern der Zugang zu der „vergessenen Sprache“ häufig leichter fällt. Durch die Energiearbeit hat man bereits viel an sich und seinem spirituellen Bewusstsein gearbeitet. Man hat in gewisser Art und Weise eine „höhere Ebene“ erreicht. Viele Blockaden wurden gelöst, das „innere Kind“ wiederentdeckt. Viele Schritte auf dem Weg zur Tierkommunikation sind also bereits gegangen. Durch die Nutzung der Fernbehandlung/Fernmentalbehandlung sind Sie mit der Kontaktaufnahme über Entfernungen vertraut. Sie können über viele Kilometer hinweg mit einem anderen Lebewesen eine Verbindung aufbauen, um auf diese Distanzen als Reiki-Kanal zu agieren – eine weitere Fertigkeit, die Sie schon besitzen und sich nicht erneut anzueignen brauchen.

Bitte beginnen Sie mit der ersten Übung (Seite 21). Auch für Sie als Reikianer wird diese Meditation eine Bereicherung darstellen. Sollten Sie um eventuelle Probleme bezüglich Ihres „inneren Kindes“ wissen – Blockaden, die noch nicht ganz aufgelöst wurden –, dann probieren auch Sie bitte die zweite Übung (Seite 21) für sich aus. Den Alphazustand zu erreichen und zu halten, sollte Ihnen durch die Fernbehandlungen vertraut sein und keine Probleme bereiten.

Für die Farbübungen benötigen auch Sie einen Partner. Allerdings steht Ihnen die Möglichkeit offen, diese Aufgaben auch schon über Entfernung zu praktizieren. Ob auf Distanz oder mit einem direkt gegenübersitzenden Partner: Beginnen Sie dafür mit Ihren regulären Vorbereitungen, wie Sie sie auch für Ihre Reiki-Fernbehandlungen treffen: Legen Sie sich Ihren Schutzmantel um. Erden Sie sich mit dem ersten Symbol und Mantra, dem Choku Rei. Je nach persönlicher Vorliebe und Empfindung harmonisieren Sie Ihren „Schutzraum" mit dem zweiten Symbol und Mantra, dem Sei heki. Bitten Sie die geistige Welt um Unterstützung für Ihr Vorhaben, telepathisch Kontakt zu Ihrem Übungspartner aufzunehmen. Stellen Sie die mentale Verbindung durch das dritte Symbol und Mantra, das Hon Sha Ze Sho Nen, zu Ihrem Partner her. Beginnen Sie mit dem Senden oder Empfangen der vorgegebenen beziehungsweise nicht vorgegebenen Farben. Nach der Übung beenden Sie die Verbindung, wie Sie es auch bei einer Fernbehandlung machen, und danken Sie der geistigen Welt für ihre Unterstützung.

Das hört sich nicht nur einfach an, sondern ist es auch. Wie wir bereits sagten: Als Reikianer bringen Sie schon viele Fertigkeiten für die telepathische Kommunikation mit. Trotzdem bitten wir Sie, die danach aufgeführten Übungen der Reihe nach durchzuführen. Obwohl es zwischen der Tierkommunikation und Reiki viele Berührungspunkte gibt, benötigen auch Sie möglicherweise noch die Bestätigung, dass Telepathie wirklich funktioniert. Zudem wird nach wie vor eine Reiki-Behandlung bevorzugt am Menschen vorgenommen. Das Einfühlen in ein Lieblings- beziehungsweise Angsttier, die Achtsamkeitsübung und die Körperreise helfen Ihnen dabei, sich auf Ihren vierbeinigen Gefährten einzulassen. Für die telepathische Kontaktaufnahme zu Ihrem eigenen oder zu einem fremden Tier, direkt oder auch per Foto, verfahren Sie wie bei der Farbübung beschrieben.

So gut vorbereitet sollte einer telepathischen Tierkommunikation und dadurch wiederum einem verständnisvolleren Miteinander und harmonischeren Beisammensein nichts mehr im Wege stehen.

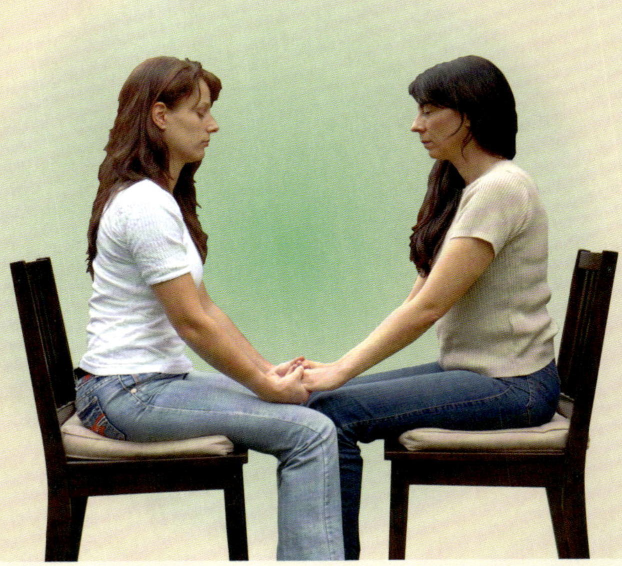

Ein Dankeschön zum Abschluss

Wir möchten Ihnen, liebe Tierfreundin und lieber Tierfreund, unseren Dank aussprechen. Voraussetzung zum Erwerb eines Buches über telepathische Tierkommunikation ist das ehrliche Interesse an dieser Möglichkeit und der Wunsch, sie selbst wieder zu erlernen. Mit den Informationen und den Übungen aus diesem Buch steht diesem Wunsch nun nichts mehr im Wege, in die Tat umgesetzt zu werden. Bitte gehen Sie mit Ihren neuen Fertigkeiten voller Respekt und verantwortungsvoll um. Ein besseres Verständnis, ein liebevolles Miteinander und ein harmonisches Beisammensein mit Ihrem Hund sind nur ein Teil dessen, was Ihnen diese „neue Welt“ schenken wird. Sie gehören nun zu denjenigen Menschen, die an der weiteren Ursprungsgeschichte der Tierkommunikation mitwirken. Sie sind einer der Menschen, die dazu beitragen, die Welt (der Tiere) ein Stück besser zu machen. Vielen Dank dafür!

Ein herzlicher Dank geht an dieser Stelle auch an Liesel Baumgart, die so freundlich war, für uns den Abschnitt über den wissenschaftlichen Hintergrund der telepathischen Tierkommunikation zu schreiben. Liesel Baumgart ist Autorin zahlreicher Hundebücher und Fachartikel. Fünf eigene Hunde waren in fast 20 Jahren ihre Lehrer. Ihre Erfahrung schöpft sie außerdem aus ihrer Tätigkeit als Leiterin einer Interessengemeinschaft für Bearded Collies. Die ersten Erlebnisse mit Telepathie hatte sie bereits als kleines Mädchen. Neugierig geworden durch erstaunliche Resultate bei intuitiv herbeigeführten Gesprächen mit ihren Hunden sowie durch faszinierende Erlebnisse „zwischen Himmel und Erde“ besuchte sie mehrere Seminare zu diesem Thema.

Angela Münchberg und Ramona Gliese,
im März 2008

Kontakt zu den Autorinnen:
www.tierkommunikatorin.org
www.tierkommunikation-walsrode.de

Tipps zum Weiterlesen

Baumgart, Liesel:
Angelo – ein Hunde-Engel auf Erden
Münster: Edition Octopus, 2006

Dalberg, Andreas:
Der Weg zum wahren Reiki-Meister
München: Knaur MensSana, 1997

Farmer, Steven D.: Krafttiere.
Die Verbindung zu deinem Geistführer aus der Tierwelt
Burgrain: Koha, 2007

Harvey, Eliana/Wa-Na-Nee-Che:
White Eagle Medizinrad
Freiburg: Bauer, 1998

Lübeck, Walter/Petter, Frank A.:
Reiki – die schönsten Techniken
Aitrang: Windpferd, 2002

Prophet, Elisabeth C.:
Mit Engeln arbeiten
Güllesheim: Silberschnur, 2003

Ruland, Jeanne:
Krafttiere begleiten Dein Leben
Darmstadt: Schirner, 2003

Sharamin, Shalila/Baginski, Bodo J.:
Das Chakra-Handbuch
Aitrang: Windpferd, 1997

Virtue, Doreen:
Das Heilgeheimnis der Engel
München: Heyne, 1997

Wauters, Ambika:
Das Engel-Orakel
Basel: Sphinx, 1998

CADMOS HUNDEBÜCHER

Uli Köppel

HUNDE VERSTEHEN MIT DEM RUDELKONZEPT

Verblüffende neue Wahrheiten über den Umgang mit Hunden und die Hundekommunikation von einem Schüler des Hundeverhaltensforschers Eberhard Trumler. In diesem Handbuch erfährt jeder Hundehalter, was artgerechte Hundeerziehung ist und wie man mithilfe des Rudelkonzeptes eine tragfähige Mensch-Hund-Beziehung erreicht.

128 Seiten
farbig, gebunden
ISBN 978-386127-796-5

Anders Hallgren

MENTALES TRAINING FÜR HUNDE

Der schwedische Hundepsychologe zeigt in diesem Buch, wie man seinen Hund mit viel Spaß geistig fordern kann. Mit diesem Training wird der Hund zu ein ausgeglichenen, zufriedenen Begleiter. Sinnvolle Übungen verbessern außerder die Bindung und führen damit zu mehr Harmonie im täglichen Zusammenleben.

112 Seiten
farbig, gebunden
ISBN 978-386127-775-0

Michaela Stark

DAS BACHBLÜTENBUCH FÜR HUNDE

Die bewährte Bachblütentherapie bringt Disharmonien zwischen Körper und Seele wieder in Einklang. Dieses Buch stellt die Wirkungsweise aller 38 Bachblüten vor und erläutert, welche Blüte bei welchem Problem am besten helfen kann.

112 Seiten
farbig, gebunden
ISBN 978-386127-774-3

Angela Münchberg

HUNDE HOMÖOPATHISCH SELBST BEHANDELN

Zahlreiche Erkrankungen unserer Hunde können mithilfe der Homöopathie auf sanfte und natürliche Weise behandelt werden. Dieses Buch enthält wichtige Informationen über die Grundlagen der Homöopathie, beschreibt die verschiedenen Konstitutionstypen und erläutert, welche Krankheiten man selbst behandeln kann.

80 Seiten
farbig, broschiert
ISBN 978-386127-728-6

Angela Münchberg

KRÄUTERBUCH FÜR HUNDE

Mit Heilkräutern kann man auch bei Hunden viele Beschwerden und Erkrankungen natürlich behandeln. In diesem Buch wird ausführlich beschrieben, wie man die geeigneten Kräuter sammelt und konserviert, wie man sie anwendet und richtig dosiert und gegen welche Beschwerden sie eingesetzt werden können.

80 Seiten
farbig, broschiert
ISBN 978-386127-741-5

Cadmos Verlag GmbH · Im Dorfe 11 · 22946 Brunsbek
Tel. 04107 8517-0 · Fax 04107 8517-12
Besuchen Sie uns im Internet: **www.cadmos.de**

CADMO